重庆市教委科学技术研究项目（KJQN202201617）资助

重庆市儿童大数据工程实验室、重庆市交互式教育电子工程技术研

电子信息重庆市重点学科的支持

重庆第二师范学院校级科研项目（KY202304B）资助

世纪高等院校创新课程规划教材

物联网技术
应用开发

The Application
Development of IOT

李　志　　李静茹　　屈婷婷 / 主编

中国财经出版传媒集团

经济科学出版社

Economic Science Press

北京

图书在版编目（CIP）数据

物联网技术应用开发／李志，李静茹，屈婷婷主编
. --北京：经济科学出版社，2024.1
ISBN 978 - 7 - 5218 - 5019 - 2

Ⅰ. ①物… Ⅱ. ①李… ②李… ③屈… Ⅲ. ①物联网
- 研究 - 教材 Ⅳ. ①TP393.4②TP18

中国国家版本馆 CIP 数据核字（2023）第150774号

责任编辑：杨　洋　卢玥丞
责任校对：杨　海
责任印制：范　艳

物联网技术应用开发

李　志　李静茹　屈婷婷／主编
经济科学出版社出版、发行　新华书店经销
社址：北京市海淀区阜成路甲 28 号　邮编：100142
总编部电话：010 - 88191217　发行部电话：010 - 88191522
网址：www. esp. com. cn
电子邮箱：esp@ esp. com. cn
天猫网店：经济科学出版社旗舰店
网址：http://jjkxcbs. tmall. com
北京季蜂印刷有限公司印装
787×1092　16 开　14.25 印张　250000 字
2024 年 1 月第 1 版　2024 年 1 月第 1 次印刷
ISBN 978 - 7 - 5218 - 5019 - 2　定价：48.00 元
（图书出现印装问题，本社负责调换。电话：010 - 88191545）
（版权所有　侵权必究　打击盗版　举报热线：010 - 88191661
QQ：2242791300　营销中心电话：010 - 88191537
电子邮箱：dbts@ esp. com. cn）

前　言

在全球数字化进程飞速发展的今天，物联网技术应用越来越广泛，而对这项技术的理解与掌握则成为每一个科技从业者、教育者和学生的重要课题。本教材以理论与实践相结合的方式，旨在提供一个全面、深入的关于物联网技术及其应用的视角。

本教材共七章，从基本的物联网概述，到通信与网络技术，再到具体的应用开发案例，形成了一个完整的学习路径。

第一章"物联网技术概述"将为读者揭示物联网的定义、特点及其体系架构，同时展望其应用领域与未来。理解这个基础概念成为物联网技术全面学习的基石。第二章至第四章，我们重点探讨了物联网通信与网络技术、串口通信技术，以及无线传感器网络技术。这些章节涵盖了无线通信技术、蓝牙、Wi-Fi、ZigBee 技术、无线局域网和广域网，串口通信的概念、原理和开发，无线传感器网络的简介、体系结构、MAC 协议、路由协议及关键技术。这些构成了物联网技术的核心组成部分，对读者理解物联网的工作原理及应用具有深远意义。在第五章"物联网仿真设计"中，我们将引导读者更深入地探索物联网 Proteus 与OPNET 物联网仿真技术。这些话题将帮助读者更好地理解物联网如何在实际中处理海量信息，并如何通过仿真设计提高物联网系统的性能和效率。第六章"物联网数据融合技术"会详细探讨数据融合的概述、原理、算法及物联网数据管理技术。我们希望读者能通过本章的学习，掌握物联网在数据处理与管理上的核心技术与方法。第七章收录了一些实际的物联网技术应用开发案例，包括养殖水箱环境监控系统、新风除湿控制系统以及智能家居监测控制系统的设计与开发。通过这些案例，读者可以直观地看到物联网技术在不同领域的应用情况，了解物联网解决实际问题的能力，以及技术在设计和实施过程中所面临的挑战。

这本教材是为了满足日益增长的物联网教育需求而编写的。在这个持续发展和变革的领域里，我们尽可能地提供最新的知识和技术视角。在此过程中，我们也鼓励读者积极探索和实践，因为我们深知在科技领域，实践经验和理论知识同样重要。我们相信，通过本教材的学习，无论您是一名研究者、教育者还是学生，都将对物联网技术有更深入的理解和更全面的认识。更重要的是，我们希望读者能对物联网技术的潜力和价值有更深的认识，对物联网未来的发展有更广阔的视野。

本书获得了重庆市教委科学技术研究项目（KJQN202201617）资助，重庆市儿童大数据工程实验室、重庆市交互式教育电子工程技术研究中心、电子信息重庆市重点学科的支持，以及重庆第二师范学院校级科研项目（KY202304B）资助。本书由重庆第二师范学院李志、李静茹、屈婷婷主编，其中第一章、第二章、第三章由李静茹编写，第四章、第五章、第六章由李志编写，第七章由屈婷婷编写。

CONTENTS

目 录

第一章

物联网技术概述

第一节　物联网的定义与特点

一、物联网的定义

物联网技术的定义是：通过射频识别（RFID）、红外感应器、全球定位系统、激光扫描器等信息传感设备，按约定的协议，将任何物品与互联网相连接，进行信息交换和通信，以实现智能化识别、定位、追踪、监控和管理的一种网络技术。

二、物联网的特点

人们对物联网的构想，是将其作为一个"巨型机器人"来设想的。它像一个无形的、无处不在的机器人，服务于人类社会的方方面面。它通过云计算和高效传输将终端能力聚合在一起，成为超级智能网络。感知层是它的"视觉""听觉""触觉""嗅觉""味觉"；接入层是它的"神经元"，将各种感觉及时、准确地传递给"大脑"；网络层是它的"大脑"，对接收到的信息进行高速、高效的运算；应用层是它的"行动"，对于信息运算结果迅速做出反应。

物联网三大特点：利用 RFID、传感器、二维码等随时随地获取物体的信息的"全面感知"性，通过无线网络和互联网的融合，将物体的信息实时准确地传递给用户的"可靠传递"性，以及利用云计算、数据挖掘及模糊识别等人工智能技术，对海量的数据和信息进行分析和处理，对物体实施控制的"智能处理"性。

（一）全面感知

物联网的全面感知是指利用无线射频技术，传感器、定位器和二维条形码等手段随时随地对物体进行信息采集和获取，物联网为每一件物品植入一个"能说会道"的高科技感应器，让这些物品像有了生命一样，可以"有知觉、有感受"。并通过网络表达出来，与人沟通，与物沟通。当你身边的物品能主动让你知道它的状态，并提醒你它的需求，当你满足它的要求时，那么，你已经步入了物联网时代。例如，公文包提醒你有什么文件漏带了；冰箱通知你什么食品快到保质期了、什么食品需要补充了；汽车提示你哪个部件需要更换或保养了；体重计告诉你哪些指标即将或已经超标了，以及需要注意什么饮食标准；洗衣机能知道衣服对水温和洗涤方式的要求等。

在物联网中传感器发挥着类似人类社会语言的作用，借助这种特殊的语言，人和物体、物体和物体之间可以感知对方的存在、特点和变化等信息。

（二）可靠传递

物联网通过传感器获取信息，通过它的神经元、因特网和各种电信网络进行可靠传递，将接收到的各种信息进行实时远程传送，实现信息交互和共享，并进行有效的处理。在可靠传递这一过程中，通常需要用到现有运行的有线或无线电信运行网络。由于传感器网络是一个局部的无线网，因而无线移动通信网、5G网络就成为物联网的一个有力支撑。未来，如果物联网和手机5G网络结合，将会使人们的生活变得更便捷、更安全。例如，将电子标签植入家用电器、汽车、安全防护系统，将这些电子标签与3G手机用户相连，形成一个小型物联网，那么，这事物的任何变化，都将时时传递到用户的手机中，使得主人可监控、操纵它们。

（三）智能处理

物联网必须对于获得的大量信息数据实时、高效地进行运算，智能分析和处理，才能实现智能化。智能处理是指利用云计算、模糊识别等智能计算技术，对随时接收到的跨地域、跨行业、跨部门的海量数据和信息进行分析处理，提升对物理世界、经济社会各种活动和变化的洞察力，实现智能化的决策和控制。例如，物联网连接中的智能冰箱，能够通过内置电子标签，了解冰箱内各种食品的保质期、保鲜期、适宜温度、主人对食物的喜好、食品短货等情况，对于即将到保质期、已过保鲜期的食物将通过5G手机网络提醒主人，而对于需要补充的食品，可通过物联网了解超级市场供应情况及价格，并由主人确认后自动订货。

第二节　物联网的体系架构

物联网的体系构架主要有三层：感知层、网络层和应用层，各层所用到的公共技术包括标识解析技术、安全技术、质量管理技术和网络管理技术等。体系架构如图 1 - 1 所示。

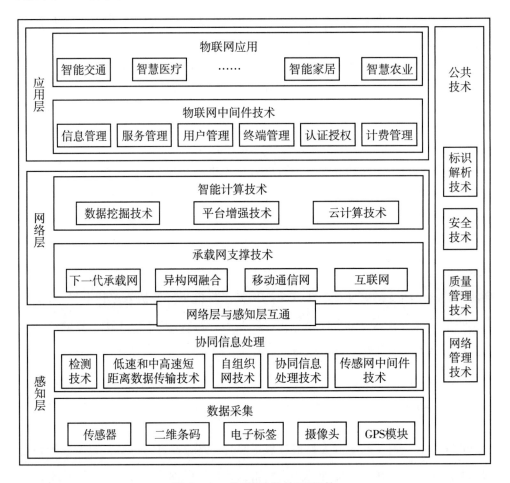

图 1 - 1 物联网的体系架构

（1）感知层。感知层相当于物联网的"五官"，用于识别物体和采集信息。物联网感知层解决的就是人类世界和物理世界的数据获取问题，包括各类物理量、标识信息、多媒体数据等。所采用的装置包括传感器、二维条码、电子标签、摄像头、GPS 模块等，可随时随地获取物品信息，实现全面感知。感知层处于三层架构的最底层，是物联网发展和应用的基础，具有物联网全面感知的核心能力。

感知层主要实现数据采集和协同信息处理，需要的关键技术涉及检测技术、低速和中高速短距离数据传输技术、自组织网技术、协同信息处理技术、传感器中间件技术等，能够通过各类集成化的微型传感器的协作而实时监测、感知和采集各种环境或监测对象的信息，并通过随机自组织无线通信网络以多跳中继方式将所感知到的信息传输到接入层的基站节点和接入网关，最终到达用户终端。

（2）网络层。网络层是物联网的"神经中枢"和"大脑"，用于信息传递和处理。物联网的网络层建立在现有的移动通信网和互联网基础上，通过各种接入设备与移动通信网和互联网相连，主要包括通信与互联网的融合网络、网络管理中心和信息处理中心等。由于物联网是一个异构网络，不同实体间的协议规范可能存在差异，需要通过相应的软、硬件进行转换，保证物品之间信息的实时、准确传递。

网络层能够实现传感网数据的存储、查询、分析、挖掘、理解及决策，涉及的关键技术主要包括承载网支撑技术和智能计算技术。其中，前者包含下一代承载网、异构网融合、移动通信网、互联网等相关技术，后者包括数据挖掘技术、平台增强技术和云计算技术等。特别是云平台相关技术，利用它们能够针对不同的应用需求对海量数据进行处理、分析，是物联网网络层的重要组成部分，也是应用层众多应用的基础。

（3）应用层。物联网应用层主要面向用户需求，利用所获取的感知数据，经过前期分析和智能处理，为用户提供特定的服务。应用层体现物联网与行业专业技术的深度融合，与行业需求结合，实现行业智能化。这类似于人的社会分工，最终构成人类社会。

应用层是物联网发展的目的，依托信息管理、服务管理、用户管理、终端管理、认证授权、计费管理等物联网中间件技术，为用户提供各种各样的物联网应用，而各种行业的应用开发将会推动物联网的普及。物联网的应用可分为监控型（物流监控、污染监控等）、查询型（智能检索、远程抄表等）、控制型（智能交通、智能家居、路灯控制等）、扫描型（手机钱包、高速公路不停车收费等）等。

第三节　物联网应用领域与未来展望

物联网（internet of things，IoT）是连接各种物理设备，并通过互联网实现信息交换和共享的一种技术模式。它已经在许多领域得到了广泛的应用，并且在未来还有巨大的发展潜力。下面将详细探讨物联网的应用领域和未来展望。

一、智能家居

随着科技的不断进步，智能家居成为了人们生活中越来越重要的一部分。物联网技术的出现，让智能家居成为了现实，使得人们可以通过智能化的方式控制家中的各种设备，如智能灯光、温度、门锁、安防等，让家居环境更加舒适、安全和高效。

智能家居系统通过各种传感器、控制器和通信设备，实现家中各种设备的互联互通。这样，人们可以通过智能手机或其他终端设备，随时随地对家中的智能设备进行远程控制，实现智能化的家居生活。例如，当人们离开家时，智能家居系统可以自动关闭家中的电器设备，保障家庭安全和节省能源；当人们回到家时，智能家居系统可以自动打开门锁，打开灯光，调节空调温度等，让家庭环境更加舒适。

智能家居系统还可以通过人工智能等技术，学习人们的生活习惯和喜好，从而提供更加个性化的家居服务。例如，智能家居系统可以自动根据天气和人们的活动习惯，调节家中的温度和湿度，让家庭环境更加舒适和健康；智能家居系统还可以通过智能音箱等设备，提供智能助手服务，帮助人们处理日常生活中的各种事务。它可以让家庭中的各种设备和家居环境实现自动化和智能化控制，提高生活质量和便利性。未来，随着人工智能等技术的不断发展，智能家居将会更加智能化和人性化，成为人们生活中不可或缺的一部分。

二、智慧城市

智慧城市是物联网技术在城市管理中的一种应用，它可以实现城市中各种设施的智能化管理和协调，包括交通、能源、安全等方面。未来的智慧城市将会更加智能化和可持续发展，为人们创造更加舒适、安全和高效的城市生活。

通过各种传感器、控制器和通信设备，实现城市各个领域的互联互通。这样，城市中的各种设施可以相互协调，实现更加高效、智能化的城市管理。例如，通过智慧城市系统，城市交通可以提高交通流畅度和降低交通事故的发生率，可以通过路况监测、智能信号灯、公共交通优先等方式，实现城市交通的智能化控制，提高交通流畅度和公共交通的使用效率。

除了交通方面，智慧城市还可以实现城市各个领域的智能化管理和协调。例如，智慧能源可以实现城市能源的高效利用和管理，通过智能电网等技术，实现城市电力的平衡和优化；智慧安防可以实现城市安全的全面监测和管理，通过智能监控和预警系统，实现城市安全的及时响应和处理。

总的来说，智慧城市是物联网技术在城市管理中的一个重要应用，它可以实现城市间各种设施的智能化管理和协调，提高城市管理的效率和质量，为人们创造更加舒适、安全和高效的城市生活。未来，随着物联网技术的不断发展和城市管理的不断创新，智慧城市将会更加智能化和可持续化，成为城市管理中的重要一环。

三、工业自动化

工业自动化可以让工业设备实现自动化和智能化控制，提高生产效率和质量。未来，工业自动化将会更加智能化和高效化，提高企业竞争力和经济效益。

工业自动化系统通过各种传感器、控制器和通信设备，实现工业生产各个环节的互联互通。这样，工业设备可以实现自动化和智能化控制，提高生产效率和质量。例如，通过工业自动化系统，工厂生产可以实现全面自动化，提高生产效率，降低成本，提高产品质量。工业自动化系统可以通过自动化生产线、智能机器人、物联网控制系统等技术，实现工业生产的智能化控制和优化。

除了生产效率和质量方面，工业自动化还可以实现工业安全和环保方面的管理。例如，通过智能监测和预警系统，实现工业安全的全面监测和管理；通过自动化控制和环保监测系统，实现工业环保的智能化控制和管理。

总的来说，工业自动化可以实现工业设备的自动化和智能化控制，提高生产效率和质量，降低成本，提高产品竞争力和经济效益。未来，随着物联网技术的不断发展和工业生产的不断创新，将会更加智能化和高效化，成为工业生产中的重要一环。同时，工业自动化也面临着一些挑战，如安全性和可靠性问题等，需要不断加强技术研究和应用实践，提高工业自动化系统的效率和稳定性。

四、医疗保健

物联网技术可以实现医疗设备和健康监测设备的联网，提高医疗效率和健康管理水平。未来，医疗保健将会更加智能化和人性化，为人们提供更加个性化、精准化的医疗服务。

医疗保健系统通过各种传感器、控制器和通信设备，实现医疗设备和健康监测设备的互联互通。这样，医务工作者可以实时获取患者的健康数据，提高诊疗效率和精准度。例如，通过医疗保健系统 ZigBee 设备的硬件整体监测血压、血糖等，以及患者的病历记录和医疗历史。这些数据可以通过物联网系统传输到医务工作者的设备上，实现远程诊疗和病情监控，提高医疗效率和精准度。

除了医疗效率和精准度方面，医疗保健系统还可以实现健康管理方面的管理。例如，通过智能健康监测设备和健康管理平台，实现患者的健康监测和管理。患者可以通过智能手机或其他终端设备，随时随地查看自己的健康状况和医疗历史，以及接收个性化的健康管理建议和预警信息，促进健康生活和疾病预防。

总的来说，医疗保健可以实现医疗设备和健康监测设备的互联互通，提高医疗效率和健康管理水平，为人们提供更加个性化、精准化的医疗服务。未来，随着物联网技术的不断发展和医疗保健的不断创新，医疗保健将会更加智能化和人性化，成为人们生活中不可或缺的一部分。

五、农业智能化

农业智能化是物联网技术在农业生产领域中的一种应用，它可以实现农业设备和环境监测设备的智能化控制和管理，提高农业生产效率和质量。未来，农业智能化将会更加智能化和可持续化，为人们提供更加健康和安全的食品。

农业智能化系统通过各种传感器、控制器和通信设备，实现农业设备和环境监测设备的互联互通。这样，农业设备可以实现智能化控制和管理，提高农业生产效率和质量。例如，通过农业智能化系统，可以实现自动化灌溉、智能化施肥、无人化喷洒等农业生产过程的智能化管理，提高农业生产效率和农产品质量。

除了农业生产效率和质量方面，农业智能化还可以实现农业环保和农产品质量安全方面的管理。例如，通过智能环境监测系统，实时监测农田环境和农产品的质量，及时预警和处理问题，保障农产品质量安全。通过智能化施肥和喷洒技术，实现化肥和农药的精准投放，减少对环境的污染和危害，实现农业可持续发展。

农业智能化是物联网技术在农业生产领域中的一个重要应用，它可以实现农业设备和环境监测设备的智能化控制和管理，提高农业生产效率和质量，保障农产品质量安全，同时实现农业可持续发展。未来，随着物联网技术的不断发展和农业生产的不断创新，农业智能化将会更加智能化和可持续化，成为农业生产中的重要一环。同时，农业智能化也面临着一些挑战，如农民接受程度、智能化设备成本等问题，需要不断加强技术研究和应用实践，推广农业智能化技术，实现农业现代化和可持续发展。

课后练习

1. 物联网这个概念是谁最先提出来的呢？
2. "三网融合"指的是哪三网？

第二章

物联网通信与网络技术

第一节　无线通信技术概述

利用无线电波进行通信由来已久，从最早的马可尼越洋电报到现在的移动通信，其间无线通信经历了从无到有，从简单到复杂，从点对点通信到无线通信网络，从低速数据包到高速多媒体通信，无线电波的覆盖特性使其可以方便地构造各种无线通信系统。无线通信作为通信的一个组成部分，在整个通信领域中具有重要的作用，并成为具有全球性规模的通信产业之一。

无线电波的传播具有覆盖的特性，可以很容易形成面的覆盖；利用方向性天线，无线电波又可以具有定向传播的特性，因此无线电波也可以作为点对点通信的传输媒介。由于无线传播环境的复杂性，无线电波的传播具有特殊性，不同的无线通信系统工作在不同的传播环境，因此具有各自的特殊性，需要的传输技术也各异。一般来说，无线电波传播中可能会遇到电波的阻挡、反射、折射、绕射的影响，也可能会遇到诸如雨、雪、雾等天气的影响，因此对接收端而言，接收到的无线电波是一个随时间变化、多路径到达的信号，即时变多径的特性，利用各种方法来对抗无线传输中的时变多径成为无线通信技术的一大特色。此外，无线电波的传播环境是开放的，各种电波均有可能同时传播，因此无线通信又具有易受干扰的特性，通信的可靠与安全成为无线通信中的重要问题。

虽然不同的无线通信系统采用不同的通信技术，例如，卫星通信的电波传播环境与地面移动通信系统的传播环境、微波中继通信的传播环境具有明显的不同。但是，应当看到各种无线通信系统均采用无线电波传播，因此在电波的传播上也具有共性。

一、无线电波传播基础

无线电发射机输出的射频信号，通过馈线（电缆）输送到天线，由天线以电磁波形式辐射出去。电磁波到达接收地点后，由天线接收下来（仅接收很小一部分功率），并通过馈线送到无线电接收机。天线的选择（类型、位置）不好，或者天线的参数设置不当，都会直接影响通信质量。

（一）天线方向性

天线的基本功能是把从馈线输入的能量向周围空间辐射出去，辐射的无线电波强度通常随空间方位不同而不同，根据天线辐射强度的空间分布特点可分为无方向性、全向天线和方向性（或定向）天线。无方向性天线指在三维空间不同方位均匀辐射的天线，如理想点源天线的辐射强度在与天线相同距离位置处电波强度处处相同。全向天线指在水平方向上表现为360°均匀辐射，而在垂直方向上允许非均匀辐射的天线。定向天线泛指只在一定空间角度范围内具有强辐射的天线，定向天线的强辐射方向即为天线辐射的波束方向。

天线通过天线的方向图来描述其方向性，方向图描述了在给定的方向并在相同距离处产生相同电波强度条件下，理想点源天线输入端所需功率与给定天线输入端所需功率的比值，通常用分贝表示。

（二）天线增益

如无特别说明，天线增益是指在天线最大辐射方向、相同距离条件处，为产生相同电波强度，理想点源天线辐射所需功率与给定天线辐射所需功率的比值，天线增益通常以 dBi 表示，表明是相对于理想点源天线的增益。

例如，如果用理想的无方向性点源作为发射天线，需要 100 瓦的输入功率，而用增益为 $G = 13$，$dBi = 20$ 的某定向天线作为发射天线时，输入功率只需 100/20 = 5 瓦。

（三）波瓣宽度

方向图通常具有两个或多个瓣，其中辐射强度最大的瓣称为主瓣，其余的瓣称为副瓣或旁瓣。在主瓣最大辐射方向两侧，辐射强度降低 3 分贝（功率密度降低一半）的两点间的夹角定义为波瓣宽度（又称波束宽度或主瓣宽度或半功率角）。波瓣宽度越窄，方向性越好，作用距离越远，抗干扰能力越强。

（四）天线的极化

所谓天线的极化，就是指天线辐射时形成的电场强度方向。当电场强度方向垂直于地面时，此电波就称为垂直极化波；当电场强度方向平行于地面时，此电波就称为水平极化波。由于电波的特性决定了水平极化传播的信号在贴近地面时会在大地表面产生极化电流，极化电流因受大地阻抗影响产生热能而使电场信号迅速衰减，而垂直极化方式则不易产生极化电流，从而避免了能量的大幅衰减，保证了信号的有效传播。

二、电波传播特性

（一）电波的自由空间传播

所谓自由空间是指理想的电磁波传播环境。自由空间传播损耗的实质是能量因电波扩散而损失，其基本特点是接收电平与距离的平方成反比，与频率的平方成反比。

图 2-1 中 T 为发射天线端，R 为接收天线端，T 和 R 相距 d（单位：千米）。若发送端的发射功率为 P_t，采用无方向性天线时距离 d 处的球面面积为 4 平方米，因此在接收天线的位置上，每单位面积上的功率为 $\frac{P_t}{4\pi d^2}$（瓦/平方米）。如果接收端用的也是无方向性接收天线，根据天线理论，此天线的有效面积是 $\frac{\lambda^2}{4\pi}$。因此接收端功率为：

$$P_r = \frac{P_i}{4\pi d^2} \cdot \frac{\lambda^2}{4\pi} = P_r \left(\frac{\lambda}{4\pi d}\right)^2 = P_t \left(\frac{c}{4\pi df}\right)^2 \qquad (2-1)$$

路径损耗为：

$$L_s = \frac{P_t}{P_r} = \left(\frac{4\pi d}{\lambda}\right)^2 = \left(\frac{4\pi df}{c}\right)^2 \qquad (2-2)$$

其中，f（单位：GHz）为信号的频率，c 为光速，λ 为信号波长。自由空间损耗写成分贝值为：

$$L_s = 92.4 + 20\lg d + 20\lg f \qquad (2-3)$$

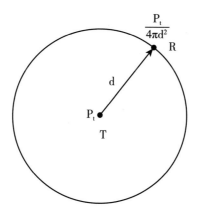

图 2-1　自由空间传播

（二）电波传播的几何模型

电波传播的几何模型是分析电波传播特性的基本方法，几何模型多用在传播径数不多的情况，如数字微波信道、移动卫星信道等，其分析是基于电波的直线传播特性及电波的反射、绕射、折射。

（1）电波的反射。电波的反射如图 2-2 所示。

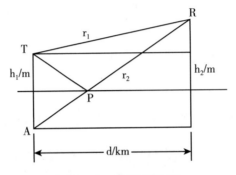

图 2-2　电波的反射

直射波 TR 的行程与反射波 TPR 的行程差为：

$$\Delta r = r_2 - r_1$$

假设 $d \gg h_1$，h_2，则：

$$r_1 \approx d\left(1 + \frac{1}{2}\left(\frac{h_2 - h_1}{d}\right)^2\right), r_2 \approx d\left(1 + \frac{1}{2}\left(\frac{h_2 + h_1}{d}\right)^2\right) \qquad (2-4)$$

所以：

$$\Delta r \approx \frac{2h_1h_2}{d} \qquad (2-5)$$

设地面反射波的反射系数为 ρ。反射波与直射波之间存在着相位差，其中行程差引起的相位差为 $\phi = 2\pi\frac{\Delta r}{\lambda} \approx \frac{4\pi}{\lambda} \cdot \frac{h_1h_2}{d}$，另外反射将引起 π 相移。接收到的合成电厂的强度为：

$$E_r = E_t | \alpha(r_1) - \alpha(r_2)\rho e^{-j\phi} | \qquad (2-6)$$

E_t 是发送的电场强度。$\alpha(r_1)$ 是距离 r_1 引起的幅度损耗（$\sqrt{P_r/P_t}$），$\alpha(r_2)$ 是距离 r_2 引起的幅度损耗。因为 $r_1 \approx r_2 \approx d$，所以：

$$\alpha(r_1) \approx \alpha(r_2) \approx \frac{\lambda}{4\pi d} \qquad (2-7)$$

于是：

$$L = \frac{P_r}{P_t} = \left|\frac{E_r}{E_t}\right|^2 \approx \left(\frac{\lambda}{4\pi d}\right)^2 | 1 - \rho e^{-j\phi} |^2 = L_0 \cdot L_r \qquad (2-8)$$

其中，$L_0 = \left(\dfrac{\lambda}{4\pi d}\right)^2$ 反映距离因素造成的衰减（自由空间损耗），$L_r = |1 - \rho e^{-j\phi}|^2$ 反映反射因素附加的衰减。当行程差远远小于波长（如天线较低、距离 d 很大或者频率低）时，可得：

$$L \approx \left(\frac{\lambda}{4\pi d}\right)^2 \left\{ (1 - \rho)^2 + 4\rho\left(\frac{2\pi}{\lambda}\cdot\frac{h_1 h_2}{d}\right)^2 \right\} = \left(\frac{\lambda(1-\rho)}{4\pi d}\right)^2 + \rho\frac{h_1^2 h_2^2}{d^4} \qquad (2-9)$$

考虑两个极端：$\rho = 0$ 时，$L = \left(\dfrac{\lambda}{4\pi d}\right)^2$ 为自由空间情形，接收信号的衰减同距离的平方成正比；反射最强时 $\rho = 1$，$L = \dfrac{h_1^2 h_2^2}{d^4}$，信号衰减同距离的 4 次方成正比，同时与天线高度的平方成反比。$\rho = 1$ 时的模型也叫"平面大地模型"。一般来说，传播损耗与距离的 n 次方成正比，即 $L \propto d^n$，n 通常是结余 2～4 之间的一个实数，叫传播损耗指数。

平面大地模型表示为分贝值为：

$$L = 120 + 40\lg d - 20\lg h_1 - 20\lg h_2 \qquad (2-10)$$

（2）电波的阻挡与绕射。如图 2-3 所示，当 T 和 R 之间出现刃形障碍物时，它有可能对电波产生阻挡作用。阻挡引起的损耗与余隙的大小有关，路径余隙为障碍物定点至 TR 连线的垂直距离。根据电磁波绕射行为，如果余隙 $h_c = h_0 = \dfrac{F_1}{\sqrt{3}} = 0.577F_1$（$F_1$ 为第一菲涅尔区半径）时，阻挡引起的损耗正好是 0 分贝，也即路径损耗正好是自由空间损耗，所以 h_0 叫自由空间余隙。

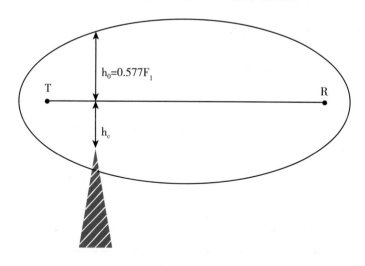

图 2-3　电波传播的刃形阻挡

若余隙大于 h_0，路径损耗随 h_c 的增加略有波动，最终稳定在自由空间损耗上。若余隙小于 h_0，那么随着 h_c 的减小路径损耗急剧增加。图 2-4 所示为路径余隙与阻挡损耗之间的关系。

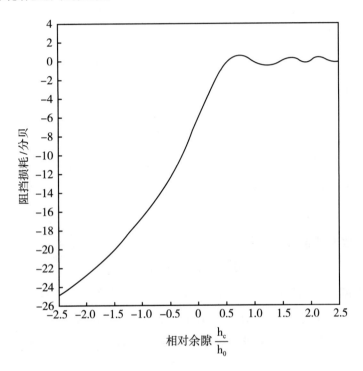

图 2-4　路径余隙造成的阻挡效应

如图 2-5 所示，满足 $(TQ + QR) - TR \leqslant \dfrac{n\lambda}{2}$（n 为整数）的所有点 Q 的集合叫第 n 菲涅尔区。菲涅尔区的形状是一个椭球体。

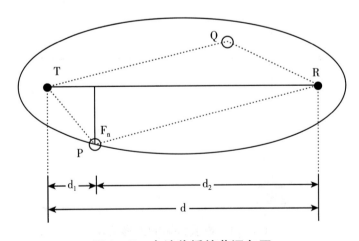

图 2-5　电波传播的菲涅尔区

第 n 菲涅尔区边界上的某个点 P 到 T、R 连线的距离 F_n 叫第 n 菲涅尔区半径。当 P 处于图中的正中处时，F_n 达到最大值 $F_{n\max}$，即第 n 菲涅尔区的最大半径：

$$TP = \sqrt{d_1^2 + F_n^2} \approx d_1\left(1 + \frac{1}{2}\left(\frac{F_n}{d_1}\right)^2\right)$$

$$PR = \sqrt{d_2^2 + F_n^2} \approx d_2\left(1 + \frac{1}{2}\left(\frac{F_n}{d_2}\right)^2\right)$$

因为在边界上满足 $(TP + PR) - TR = \dfrac{n\lambda}{2}$，所以有：

$$F_n = \sqrt{\frac{n\lambda d_1 d_2}{d}} = \sqrt{n}F_1 \qquad (2-11)$$

（3）大气折射与等效地球半径。大气密度的不均匀导致电波弯曲。从电波的角度看，似乎是地球的曲率发生了变化。以电波为直线时看到的"等效地球半径"为 $R_e = KR_0$，系数 $K = \dfrac{R_e}{R_0}$ 叫"等效地球半径系数"，K 的典型值为 $\dfrac{4}{3}$。由于大气折射的因素，通常情况下，最大视距会更大一些。

（4）电波传播的路径损耗预测。在实际环境中，电波的传播模型很复杂，研究者们提出了若干经验模型来预测传播损耗，典型的有 Okumura 模型、Hata 模型和 Lee 模型等。利用这些模型可以估算移动通信系统中无线电波在城市郊区、农村的路径损耗。

（三）电波的多径传播和衰落

除了路径损耗外，电波在传播中，可能受到长期慢衰落和短期快衰落的影响，如图 2-6 所示。

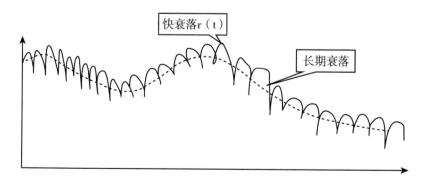

图 2-6 电波传播的长期衰落与短期衰落

（1）电波传播的长期慢衰落。长期慢衰落是由传播路径上的固定障碍物（如建筑物、山丘、树林等）的阴影引起的，因此也称为阴影衰落或大尺度衰落。阴影引起的信号衰落是缓慢的，且衰落速率与工作频率无关，只与周围地形、地物的分布、高度和物体的移动速度有关。

长期衰落一般表示为电波传播距离的平均损耗（dB）加一个正态对数分量，其表达式为：

$$L = L_s + X_{\sigma} \qquad (2-12)$$

式（2-12）中，L_s 是距离因素造成的电波损；X_{σ} 是满足正态分布的随机变量，其均值为 0，方差为 σ^2，移动通信环境中 σ^2 的典型值为 8～10 分贝。

（2）电波传播的短期快衰落。由于电波具有反射、折射、绕射的特性，因此接收端接收到的电波信号可能是从发送端发送的电波经过反射、折射、绕射的信号的叠加，即接收信号是发送信号经过多种传播途径的叠加信号。此外，反射、折射、绕射物体的位置可能随时间变化，则接收到的多径信号也可能随时间变化，当电波频率较高时，微小的距离变化导致多径叠加信号强度的快速变化，即接收端接收到的信号具有快速时变特性，这种特性称为短期快衰落或小尺度衰落。无线通信中的电波传播经常受到这种多径时变的影响。

考察信道对发送信号的影响，发送信号一般可以表示为：

$$s(t) = \text{Re}\left[s_1(t) e^{j2\pi f_c t} \right] \qquad (2-13)$$

假设存在多条传播路径，且与每条路径有关的是时变的传播时延和衰减因子，则接收到的带通信号为：

$$x(t) = \sum_n \alpha_n s(t - \tau_n(t)) = \sum_n \left[\alpha_n e^{-j2\pi f_c \tau_n(t)} s_1(t - \tau_n(t)) \right] e^{j2\pi f_c t}$$
$$(2-14)$$

式（2-14）中，$\alpha_n(t)$ 是第 n 条传播路径的时变衰减因子，$\tau_n(t)$ 是第 n 条传播路径的时变传播时延，$s_1(t)$ 是发送信号的等效低通信号。可以看出，接收信号的等效低通信号为：

$$x_1(t) = \sum_n \alpha_n(t) e^{-j2\pi f_c \tau_n(t)} s_1(t - \tau_n(t)) \qquad (2-15)$$

而等效低通信道可用如下的时变冲激响应表示：

$$c(\tau; t) = \sum_n \alpha_n(t) e^{-j2\pi f_c \tau_n(t)} \delta(\tau - \tau_n(t)) \qquad (2-16)$$

对于某些信道，把接收信号看成由连续多径分量组成的更合适，其等效低通信道为：

$$c(\tau; t) = \alpha(\tau; t) e^{-j2\pi f_c \tau}$$

此时的接收信号为：

$$x(t) = \text{Re}\left\{\left[\int_{-\infty}^{\infty} \alpha(\tau;t) e^{-i2\pi f_c\tau} s_1(t-\tau) d\tau\right] e^{j2\pi f_c t}\right\} \quad (2-17)$$

第二节　蓝牙技术

一、蓝牙技术的定义

蓝牙技术是由爱立信（Ericsson）、诺基亚（Nokia）、东芝（Toshiba）、国际商用机器公司（IBM）和英特尔（Intel）于 1998 年 5 月联合宣布的一种无线通信新技术。

蓝牙技术是一种支持设备短程通信（一般 10 米内）的无线电技术，能在包括移动电话、掌上计算机、无线耳机、笔记本计算机、智能汽车、智能家居等多种智能设备之间进行无线信息交互。蓝牙技术可以有效地简化移动通信终端设备之间的通信，也可简化设备与因特网之间的通信，使数据通信更加迅速高效。

二、蓝牙技术的优势

（一）低功耗

蓝牙技术采用的低功耗模式，是其在便携式设备和智能家居设备等应用领域得到广泛应用的重要原因之一。

对于便携式设备，如智能手机、平板电脑、蓝牙耳机等，电池寿命是一个重要的考虑因素。随着这些设备的使用频率越来越高，用户对其电池寿命的要求也越来越高。因此，采用低功耗的蓝牙技术可以大大延长这些设备的电池寿命。此外，由于蓝牙技术使用的是短距离通信，所以它不需要像其他无线通信技术那样使用高功率信号，这也有助于减少电池消耗。例如，智能门锁、智能灯泡、智能摄像头等，大多数设备需要长时间待机，只有在需要时才会进行通信。因此，采用低功耗的蓝牙技术可以大大延长这些设备的电池寿命，提高其稳定性和可靠性。

除了延长电池寿命外，蓝牙技术的低功耗模式还可以在一些应用中实现快速响应和实时通信。例如，采用蓝牙技术的智能手表可以通过低功耗模式保持与智能手机的连接，并在需要时进行快速响应和实时通信，以满足用户对于智能手表的需求。

总之，蓝牙技术采用低功耗模式是其在便携式设备和智能家居设备等应用领域得到广泛应用的重要原因之一。通过降低功耗，蓝牙技术可以延长电池寿命、提高设备的稳定性和可靠性，并在一些应用中实现快速响应和实时通信，为用户提供更好的使用体验。

（二）无线连接

蓝牙技术的无线连接方式是其在各种应用场景中得到广泛应用的重要原因之一。相对于传统的有线连接方式，无线连接方式具有以下优势。

（1）无线连接方式可以提高设备的便携性和灵活性。采用蓝牙技术的设备无须使用电缆进行连接，这意味着用户可以随时随地进行无线连接，而不必受到电缆长度和连接位置的限制。例如，在使用蓝牙耳机时，用户可以将手机放在口袋或者包里，而不必担心电缆的限制影响移动自由。

（2）无线连接方式可以提高连接的稳定性和可靠性。传统的有线连接方式容易受到电缆损坏、连接插头松动等问题的影响，而无线连接方式则不受这些问题的限制。蓝牙技术使用的是低功率、短距离的无线连接方式，可以在不同设备之间建立稳定的连接，从而实现高质量的数据传输和通信。

（3）无线连接方式可以提高用户的便利性和使用体验。采用蓝牙技术的设备可以轻松地进行配对和连接，无须额外的设置和复杂的步骤。例如，在使用蓝牙音箱时，用户只需要打开手机的蓝牙功能并进行配对，就可以立即开始播放音乐。

（三）通用性极强

蓝牙工作在 2.4 千兆赫的 ISM 频段，全球大多数国家 ISM 频段的范围是 2.4～2.4835 千兆赫。该频段无须向各国的无线电资源管理部门申请许可证便可直接使用。

（四）同时可传输语音和数据

蓝牙采用电路交换和分组交换技术，支持异步数据信道、三路语音信道以及异步数据与同步语音同时传输的信道。每个语音信道数据速率为 64 千比特/秒，语音信号编码采用脉冲编码调制（PCM）或连续可变斜率增量调制（CVSD）方法。当采用非对称信道传输数据时，速率最高为 721 千比特/秒，反向为 57.6 千比特/秒；当采用对称信道传输数据时，速率最高为 342.6 千比特/秒。蓝牙有两种链路类型，异步无连接（ACL）链路和同步面向连接（SCO）链路。

（五）可以建立临时性的对等连接

根据蓝牙设备在网络中的角色，可分为主设备（master）与从设备（slave）。主设备是组网连接主动发起连接请求的蓝牙设备，几个蓝牙设备连接成一个皮网（piconet）时，其中只有一个主设备，其余均为从设备。皮网是蓝牙最基本的一种网络形式，最简单的皮网是一个主设备和一个从设备组成的点对点的通信连接。通过时分复用技术，一个蓝牙设备便可以同时与几个不同的皮网保持同步，具体来说，就是该设备按照一定的时间顺序参与不同的皮网，即某一时刻参与某一皮网，而下一时刻参与另一个皮网。

三、蓝牙技术的组成

（一）芯片越来越小巧

蓝牙的技术界面是专用半导体集成电路芯片，用于嵌入电子器件内，而与用户直接见面的产品界面则是各种时尚电子产品。因此，蓝牙技术要嵌入到电子器件内就要考虑蓝牙的芯片尺寸，它必须具有小巧、廉价、结构紧凑和功能强大的特点才能放进蜂窝电话中。

目前该技术已经有所突破，法国 Alcatel Microelectronrics 等公司在 ISSCC2001 上发布了用于蓝牙的单芯片 LSI，CSR 公司也推出了嵌入电池中的单芯片蓝牙 ICVlueCore01。

（二）产品将具有兼容性

SIG 已召集制造商召开了两次会议来测试各自蓝牙产品基础组件间的兼容情况，测试中发现的不兼容情况正在解决之中。

（三）提高抗干扰能力和传输距离

实验表明，在同时使用无线 LAN 和微波炉的情况下。蓝牙的性能明显下降，无干扰时，数据速率为 500~600 千比特/秒，一旦干扰出现，速率突降至 200 千比特/秒。

蓝牙只有 10 米的传输距离也制约着它的应用和发展，需要充分利用其功率类型，增加特殊应用通信距离。

（四）众多操作系统支持蓝牙

微软公司于近年上市的所有 Windows 操作系统均支持蓝牙。以 IBM 公司为首的众多计算机厂商正在努力达成协议，为 PC 平台制定蓝牙标准，以解决不同设备之间的兼容性。

（五）支持漫游功能

蓝牙技术可以在微网络或扩大网之间切换，但每次切换都必须断开与当前 PAN 的连接。为解决此问题，Commil 技术公司设计了一种系统，即使在蓝牙模式不同入口点之间漫游，仍可以维持连续的不中断的数据和声音交流。这种蓝牙网络技术提供了很好的连接，如其中一个连接是从一个蓝牙入口点出发，在运作中保证不断开。

第三节　Wi-Fi 技术

一、Wi-Fi 技术定义

Wi-Fi 是一种可以将个人计算机、手持设备（如 iPad、手机）等终端以无线方式互相连接的技术，该技术是以 IEEE 802.11 标准为基础发展起来的标准无线局域网技术。随着技术的发展以及 IEEE 802.11a、IEEE 802.11g、IEEE 802.11n 等标准的出现，现在 IEEE 802.11 这个标准已统称为 Wi-Fi 技术。Wi-Fi 技术当前分为 2.4 吉赫和 5.0 吉赫两个频段，其区别如下。

（一）属性区别

2.4 吉赫信号频率低，在空气或障碍物中传播衰减较小，传输距离更远。由于家电、无线设备大多使用 2.4 吉赫的频段，因此该频率下无线设备较多，使用环境较为拥挤，干扰较大。5.0 吉赫信号频率较高，带宽大、稳定性好，连接多个设备时不会出现信道拥挤外设掉线的情况，但由于其频率较高，在空气或障碍物中传播衰减较大，覆盖距离比 2.4 吉赫小。

（二）支持设备数量区别

大多数移动设备及无线网卡都支持 2.4 吉赫的频率，而 5.0 吉赫是近几年兴起的 Wi-Fi 频段，支持该频段的设备相对 2.4 吉赫频段的设备少。

（三）频率设备区别

双频无线路由器可同时在 2.4 吉赫和 5.0 吉赫的频率下工作，而单频无线路由器只能在 2.4 吉赫的频率下工作。

二、Wi-Fi 技术的特点

（一）覆盖范围大

Wi-Fi 的覆盖半径可以达到数百米，而且解决了高速移动时数据的纠错问题和误码问题，Wi-Fi 设备与设备、设备与基站之间的切换和安全认证也都得到了很好的解决。

（二）传输速率快且可靠性高

不同版本传播速率不同，基于 IEEE 802.11n 的传播速率可以达到 600 兆比特/秒。

（三）健康安全

IEEE 802.11 规定的发射功率不可超过 100 兆瓦，Wi-Fi 的实际发射功率为 60~70 兆瓦，辐射非常小。

（四）无须布线

Wi-Fi 可以不受布线条件的限制，不需要网络布线，适合移动设备。

（五）组网容易

只要在需要的地方设置接入点，并通过高速线路将互联网接入，用户只需将支持无线局域网的设备拿到该区域，即可进入互联网。

三、Wi-Fi 技术的应用

如今，酒店、商场、咖啡馆、快餐店、火车站、飞机场、图书馆、写字楼等公共场所，基本都已经被 Wi-Fi 信号所覆盖，在这些区域携带支持 Wi-Fi 的终端即可接入网络。随着无线城市概念的提出，许多国家和地区都提出了 Wi-Fi 网络覆盖计划。

现在不少高校也实现了校园的 Wi-Fi 覆盖，甚至已经开始考虑迁移到更高速度的 IEEE 802.11n 标准。可见，是否提供公共 Wi-Fi 服务已经日渐成为城市现代文明程度的新指标。随着城市建设的发展，Wi-Fi 服务今后可能普遍成为一种公共服务，成为城市基础设施建设的一部分。

随着 Wi-Fi 网络覆盖的区域越来越大，各大厂商也不断推出有 Wi-Fi 模块的产品，除了笔记本电脑、数码相机、手机和音箱等电子产品外，随着数字家庭概念的提出，各种家用电器如电视机、洗衣机、空调和冰箱等，也都纷纷加上了 Wi-Fi 功能。这些新兴的家用电器都可以通过 Wi-Fi 网络这个传输媒介与后台的媒体服务器、计算机等建立连接，实现整个家庭的数字化与无线化。

Wi-Fi 也蔓延到了汽车工业。德国大众和 Autonet Mobile 公司合作推出了 Routanminivan 上的车内 Wi-Fi 装置。2009 年 6 月以后，所有美国相关车型都安装了该设备，这样无论开车到哪里都可以使用 Wi-Fi 上网。就目前的发展趋势，相信将来人们的生活会真正做到数字化和无线化，生活将变得更加丰富多彩。

第四节　ZigBee 技术

ZigBee 是一种成本和功耗都很低的低速率、短距离无线接入技术，它主要针对低速率传感器网络而提出，能够满足小型化、低成本设备（如温度调节装置、照明控制器、环境监测传感器等）的无线联网要求，广泛应用于工业、农业和日常生活中。

ZigBee 是基于 IEEE 802.15.4 标准的低功耗局域网协议。根据国际标准规定，ZigBee 技术是一种短距离、低功耗的无线通信技术。这名称（又称紫蜂协议）来源于蜜蜂的八字舞，因为蜜蜂（Bee）是靠飞翔和"嗡嗡"（Zig）地抖动翅膀的"舞蹈"来与同伴传递花粉所在的方位信息，也就是说蜜蜂依靠这样的方式构成了群体中的通信网络。

简而言之，ZigBee 就是一种便宜的、低功耗的近距离无线组网通信技术，它具有近距离、低复杂度、自组织、低功耗、低数据速率等特点，主要适合用于自动控制和远程控制领域，可以嵌入各种设备。作为一种低速、短距离传输的无线网络协议，ZigBee 从下到上分别为物理层、媒体访问控制层、传输层、网络层和应用层等。其中，物理层和媒体访问控制层遵循 IEEE 802.15.4 标准的规定。

一、ZigBee 频带和数据传输速率

ZigBee 无线可使用的频段有 3 个，分别是 2.4 吉赫的 ISM 频段、欧洲的 868 兆赫频段、美国的 915 兆赫频段，频段可使用的信道分别是 16 个、 - 1 个、10 个。ZigBee 在中国采用 2.4 吉赫的 ISM 频段，是免申请和免使用费的频率，在该频段上具有 16 个信道，数据传输速率为 250 千比特/秒。

二、ZigBee 协议线

ZigBee 具有 IEEE 802.15.4 强有力的无线物理层所规定的全部优点，ZigBee 增加了逻辑网络、网络安全和应用软件，更加适合于产品技术的一致化，利于产品的互联互通；ZigBee 继续与 IEE 紧密结合，以保证向市场提供一种完整的集成解决方案。

ZigBee 协议栈基于标准的 OSI 七层模型，但只是在相关的范围定义一些相应层来完成特定的任务，如图 2 - 7 所示。IEEE 802.15.4——2003 标准定义了下面的两个层：物理层（PHY 层）和媒介层（MAC 层）。ZigBee 联盟在此基础上建立了网络层（NWK 层）及应用层（APL 层）的框架（framework）。

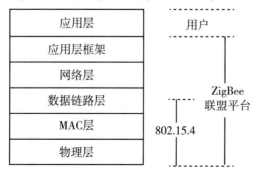

图 2 - 7 OSI 七层模型

（一）物理层

物理层定义了物理无线信道和媒介层之间的接口，提供物理层数据服务和物理层管理服务。具体内容如下：

（1）ZigBee 的激活；

（2）当前信道的能量检测；

（3）接收链路服务质量信息；

（4）ZigBee 信道接入方式；

（5）信道频率选择；

（6）数据传输和接收。

（二）媒介层

媒介层负责处理所有的物理无线信道访问，并产生网络信号、同步信号；支持 PAN 连接和分离，提供两个对等 MAC 实体之间可靠的链路。具体功能如下：

（1）网络协调器产生信标；

（2）与信标同步；

（3）支持 PAN（个域网）链路的建立和断开；

（4）为设备的安全性提供支持（加密及解密功能）；

（5）信道接入方式采用免冲突载波检测多址接入（CSMA – CA）机制；

（6）处理和维护保护时隙（GTS）机制；

（7）在两个对等的 MAC 实体之间提供一个可靠的通信链路。

（三）网络层

ZigBee 协议栈的核心部分在网络层。网络层主要实现节点加入或离开网络、接收或抛弃其他节点、路由查找及传送数据等功能。具体功能如下：

（1）网络发现；

（2）网络形成；

（3）允许设备连接；

（4）路由器初始化；

（5）设备同网络连接；

（6）直接将设备同网络连接；

（7）断开网络连接；

（8）重新复位设备；

（9）接收机同步；

（10）信息库维护。

（四）应用层

应用层包括应用支持子层（APS）、ZigBee 设备对象（ZDO）、制造商所定义的应用对象（AF）。

（1）APS：维持绑定表，在绑定的设备之间传送消息。

（2）ZDO：定义设备在网络中的角色（例如，物理实体节点是被定义为协调器、路由器还是终端设备），发起和响应绑定请求，在网络设备之间建立安全机制（加解密），发现网络中的设备并且决定向它们提供何种应用服务。

（3）AF：用户自定义的应用对象，并且遵循规范运行在端点 1~240 上。在 ZigBee 应用中，提供两种标准服务类型：键值对（KVP）或报文（MSC）。

三、ZigBee 组网方式

ZigBee 技术具有强大的组网能力，可以形成星形、树形和 MESH 网状网，可以根据实际项目需要来选择合适的网络结构。MESH 网状拓扑结构的网络具有强大的功能，网络可以通过"多级跳"的方式来通信。该拓扑结构还可以组成极为复杂的网络，还具备自组织、自愈功能。星形和树形网络适合点对多点、距离相对较近的应用。

四、ZigBee 技术的特点及应用领域

ZigBee 技术致力于提供一种廉价的固定、便携或者移动设备使用的极低复杂度、成本和功耗的低速率无线通信技术。这种无线通信技术具有如下特点。

功耗低：由于 ZigBee 的传输速率低，发射功率仅为 1 兆瓦，而且采用了休眠模式，因此 ZigBee 设备非常省电。据估算，ZigBee 设备仅靠两节 5 号电池就可以维持长达 6 个月到 2 年左右的使用时间，这是其他无线设备望尘莫及的。

成本低：ZigBee 模块的初始成本很低，仅为几美元，并且 ZigBee 协议是免专利费的。成本低对于 ZigBee 也是一个关键的因素。

时延短：通信时延和从休眠状态激活的时延都非常短，典型的搜索设备时延

是 30 毫秒，休眠激活的时延是 15 毫秒，活动设备信道接入的时延是 15 毫秒。因此，ZigBee 技术适用于对时延要求苛刻的无线控制（如工业控制场合等）应用。

网络容量大：一个星型结构的 ZigBee 网络最多可以容纳 254 个从设备和一个主设备；一个区域内可以同时存在最多 100 个 ZigBee 网络，而且网络组成灵活。

可靠：ZigBee 采取了碰撞避免策略，同时为需要固定带宽的通信业务预留了专用时隙，避开了发送数据的竞争和冲突。媒体访问控制层采用了完全确认的数据传输模式，每个发送的数据包都必须等待接收方的确认信息。如果传输过程中出现问题可以进行重发。

安全：ZigBee 提供了基于循环冗余校验（CRC）的数据包完整性检查功能，支持鉴权和认证，采用了 AES-128 的加密算法，各个应用可以灵活确定其安全属性。ZigBee 模块是一种物联网无线数据终端，利用 ZigBee 网络为用户提供无线数据传输功能，广泛应用于物联网产业链中的 M2M 行业，如智能电网、智能交通、智能家居、金融、移动 POS 终端、供应链自动化、工业自动化、智能建筑、消防、公共安全、环境保护、气象、数字化医疗、遥感勘测、农业、林业、水务、煤矿、石化等领域。

第五节　无线局域网

无线局域网的应用已十分广泛，下面介绍无线局域网拓扑结构、无线局域网协议和网络设备接入方案 3 方面的内容。

一、无线局域网拓扑结构

无线局域网组网分为两种拓扑结构：对等无线网络和结构化无线网络。

（一）对等无线网络

无线局域网可以简单也可以复杂，最简单的网络可以只要两个装有无线网卡的 PC，放在有效距离内，这就是所谓的对等网络，也称 Ad Hoc（拉丁语中意为"特别的、特定的、临时的"）网络。这类简单网络无须经过特殊组合或专人管理，任何两个移动式 PC 之间无须中央服务器（central server）就可以相互连通。

对于小型的无线网络来说，这是一种最方便的连接方式。

对等网络由若干无线节点构成，每个节点在网络中既充当终端的角色，又充当路由器的角色，是一个临时性、无中心的网络，网络中不需要任何基础设施。

对等无线网络覆盖的服务区称为独立基本服务区。对等网络用于一台无线工作站和另一台或多台其他无线工作站的直接通信，该网络无法接入有线网络中，只能独立使用。对等网络中的一个节点必须能同时对等地"看"到网络中的其他节点；否则就认为网络中断。因此，对等网络主要用于少数用户的组网环境，如 4～8 个用户，并且距离较近。

这种结构的优点是网络抗毁性好、建网容易，且费用较低，可便捷地实现相互连接和资源共享。但当网中用户数（站点数）过多时，信道竞争成为限制网络性能的瓶颈，并且为了满足任意两个站点可直接通信，网络中站点布局受环境限制较大，因此这种拓扑结构适用于用户相对较少的工作群网络规模。

（二）结构化无线网络

结构化无线网络又称基于基础架构的无线网络，是无线局域网的基本模式。这种结构要求一个无线站点充当中心站，所有站点对网络的访问均由中心站控制。由无线接入点（AP）、无线工作站（station，STA）及分布式嗅探器系统（ditributed sniffer system，DSS）构成，覆盖的区域分基本服务区和扩展服务区。无线接入点也称无线 Hub，用于在无线工作站和有线网络之间接收、缓存和转发数据。无线接入点通常能够覆盖几十个至几百个用户，覆盖半径达上百米或更长。

基本服务区由一个无线接入点以及与其关联的无线工作站构成。在任何时候，任何无线工作站都与该无线接入点关联。换句话说，一个无线接入点所覆盖的微蜂窝区域就是基本服务区。无线工作站与无线接入点关联采用 AP 的基本服务集标识符（basic service set identifier，BSSID）表示。在 IEEE 802. 11 中，BSSID 就是 AP 的 MAC 地址。

对于结构化无线网络的设计，接入点是最重要的组件，其任务是管理网络的全部资源。它决定了可支持多少客户端、加密的水平、接入控制、登录、网络管理和客户端管理等。因此，接入点的选择很重要，必须认真对待。接入点负责频段管理及漫游等指挥工作，一个接入点理论上最多可连接 1024 台 PC（无线网卡）。当无线网络节点扩增时，网络存取速度会随着范围扩大和节点的增加而变慢，此时添加接入点可以有效控制和管理频宽与频段。无线网络需要与有线网络互连，或无线网络节点需要连接和存取有线网的资源和服务器时，接入点可以作为无线网和有线网之间的桥梁。

为了解决覆盖问题，在设计网络时可用接力器来增大网络的转接范围，但接力器并不接在有线网络上。接力器的作用就是把信号从一个 AP 传递到另一个 AP 或 EP 来延伸无线网络的覆盖范围。可将多个 EP 串接，延伸信号的传输距离。

二、无线局域网协议

无线局域网协议主要分为两大阵营：IEEE 802.11 系列标准和欧洲的 Hiper-LAN 系列。这里我们主要介绍 IEEE 802.11 系列标准。

（一）IEEE 802.11 系列标准

IEEE 802.11 系列是无线以太网的标准，它使用星状拓扑，其中心称为接入点 AP，在 MAC 子层使用 CSMA/CA 协议。凡使用 802.11 系列协议的局域网又称无线高保真 Wi-Fi。目前 Wi-Fi 几乎成为了无线局域网的同义词。

IEEE 802.11 是一个相当复杂的标准系列，针对无线局域网的各方面技术已经有 30 多个协议标准。在此只介绍最基本的 5 个协议。

1. IEEE 802.11

IEEE 802.11 是早期（1997 年发布）无线局域网标准之一，工作在 2.4 ~ 2.5 千兆赫兹频段，最大传输速率为 2 兆比特/秒。主要用于解决办公室局域网和校园网中用户与用户终端的无线接入，业务主要限于数据存取，最高传输速率为 2 兆比特/秒。

IEEE 802.11 在物理层定义了数据传输的信号特征和调制方法，定义了两个射频传输技术和一个红外线传输规范共 3 种不同的物理层实现方式。

IEEE 802.11 的介质访问控制和 IEEE 802.3 协议非常相似，都是在一个共享介质上支持多个用户共享资源，发送方在发送数据前先进行网络的可用性检测。IEEE 802.3 协议采用 CSMA/CD 介质访问控制方法。然而，在无线系统中设备不能够一边接收数据信号一边传送数据信号。无线局域网中采用了一种与 CSMA/CD 相类似的载波监听多路访问/冲突避免 CSMA/CA 协议实现介质资源共享。CSMA/CA 利用确认信号来避免冲突的发生，也就是说，只有当客户端收到网络上返回的确认信号后，才确认送出的数据已经正确到达接收方。这种方式在处理无线问题时非常有效。

因传输介质不同，CSMA/CD 与 CSMA/CA 的检测方式也不同。CSMA/CD 通过电缆中电压的变化来检测，当数据发生碰撞时，电缆中的电压就会随之发生变化；而 CSMA/CA 采用能量检测、载波检测和能量载波混合检测 3 种检测信道空闲的方式。

2. IEEE 802.11a

由于标准的 IEEE 802.11 在速率和传输距离上都不能满足人们的需要，因此，IEEE 于 1999 年 8 月相继推出了 IEEE 802.11b 和 IEEE 802.11a 两个新标准。

IEEE 802.11a 在整个覆盖范围内提供了更高的速度，规定的频段为 5 吉赫。目前该频段用得不多，干扰和信号争用情况较少。IEEE 802.11a 同样采用 CSMA/CA 协议。但在物理层，IEEE 802.11a 采用了正交频分复用 OFDM 技术。通过对标准物理层进行扩充，IEEE 802.11a 支持的最高传输速率为 54 兆比特/秒。

3. IEEE 802.11b

IEEE 802.11b 工作于非注册的 2.4 吉赫频段。既可作为对有线网络的补充，也可独立组网，从而使网络用户摆脱网线的束缚，实现真正意义上的移动应用。IEEE 802.11 是目前所有无线局域网标准中最著名，也是普及最广的标准之一。

IEEE 802.11b 的关键技术之一是采用补偿码键控调制技术，可以实现动态速率转换。当工作站之间的距离过长或干扰过大，信噪比低于某个限值时，其传输速率可从 11 兆比特/秒自动降至 5.5 兆比特/秒，或者再降至 2 兆比特/秒及 1 兆比特/秒。IEEE 802.11b 标准的速率上限为 20 兆比特/秒，它保持对 IEEE 802.11 的向后兼容。

IEEE 802.11b 支持的范围在室外为 300 米，在办公环境中最长为 100 米。当用户在楼房或公司部门之间移动时，允许在访问接入点之间进行无缝连接。IEEE 802.11b 还具有良好的可伸缩性，最多 3 个访问接入点可以同时定位于有效使用范围内，以支持上百个用户。

目前，IEEE 802.11b 无线局域网技术已经在世界上得到广泛应用，它已经进入了写字间、饭店、咖啡厅和候机室等场所。没有集成无线网卡的笔记本电脑用户只需插进一张个人计算机存储器卡接口适配器 PCMCIA 或 USB 卡，便可通过无线局域网连到因特网。

（二）HiperLAN 系列

IEEE 主推 IEEE 802.11x 系列标准，而欧洲电信标准化协会（European Telecommunications Standards Institute，ETSI）则推出另一种无线局域网系列标准——高性能无线局域网 HiperLAN，其地位相当于 IEEE 802.11b，但二者互不兼容。

HiperLAN 在欧洲得到了广泛支持和应用。HiperLAN 系列包含以下 4 个标准：

HiperLAN1：用于高速 WLAN 接入，工作在 5.3 吉赫频段；

HiperLAN2：用于高速 WLAN 接入，工作在 5 吉赫频段；

HiperLink（HiperLAN3）：用于室内无线主干系统；

HiperAccess（HiperLAN4）：用于室外对有线通信设施提供固定接入。

其中，HiperLAN2 工作在 5 吉赫频段，速率高达 54 兆比特/秒，技术上有下列优点。

（1）为了实现 54 兆比特/秒高速数据传输，物理层采用 OFDM 调制，MAC 子层则采用一种动态时分复用的技术来保证最有效地利用无线资源。

（2）为使系统同步，在数据编码方面采用了数据串行排序和多级前向纠错，每一级都能纠正一定比例的误码。

（3）数据通过移动终端和接入点之间事先建立的信令链接来进行传输，面向链接的特点使得 HiperLAN2 可以很容易地实现 QoS 支持。每个链接可以被指定一个特定的 QoS，如带宽、时延、误码率等，还可以给每个链接预先指定一个优先级。

（4）自动进行频率分配。接入点监听周围的 HiperLAN2 无线信道，并自动选择空闲信道。这功能消除了对频率规划的需求，使系统部署变得相对简便。

（5）为了加强无线接入的安全性，HiperLAN2 网络支持鉴权和加密。通过鉴权，使只有合法的用户才能接入网络，而且只能接入通过鉴权的有效网络。

（6）协议栈具有很大的灵活性，可以适应多种固定网络类型。它既可以作为交换式以太网的无线接入子网，也可以作为蜂窝移动网络的接入网，并且这种接入对于网络层以上的用户部分来说是完全透明的。当前在固定网络上的任何应用都可以在 HiperLAN2 网上运行。相比之下，IEEE 802.11 的一系列协议都只能由以太网作为支撑，不如 HiperLAN2 灵活。

三、网络设备接入方案

无线局域网由于其便利性和可伸缩性，特别适用于小型办公环境和家庭网络。在室内环境中，无线连网设备针对不同的实际情况，可以有不同的接入方案。

（一）对等解决方案

对等解决方案是一种最简单的应用方案，只要给每台计算机安装一块无线网卡，即可相互访问。如果需要与有线网络连接，可以为其中一台计算机再安装一块有线网卡，无线网中其余计算机即利用这台计算机作为网关，访问有线网络或共享打印机等设备。

对等解决方案是一种点对点方案，网络中的计算机只能一对一互相传递信息，而不能同时进行多点访问。如果要实现像有线局域网的互通功能，则必须借助接入点。

（二）单接入点解决方案

接入点相当于有线网络中的集线器。无线接入点可以连接周边的无线网络终端，形成星状网络结构，同时通过端口与有线网络相连，使整个无线网的终端都能访问有线网络的资源，并可通过路由器访问因特网。

（三）多接入点解决方案

当网络规模较大，超过了单个接入点的覆盖半径时，可以采用多个接入点分别与有线网络相连，从而形成以有线网络为主干的多接入点的无线网络。所有无线终端可以通过就近的接入点接入网络，访问整个网络的资源，从而突破无线网覆盖半径的限制。

（四）无线中继解决方案

无线接入器还有另外一种用途，即充当有线网络的延伸。例如，在工厂车间中，车间具有一个网络接口连接有线网，而车间中许多信息点由于距离很远使得网络布线成本很高，还有一些信息点由于周边环境比较恶劣，无法进行布线。这些信息点的分布范围超出了单个接入点的覆盖半径，可以采用两个接入点实现无线中继，以扩大无线网络的覆盖范围。

（五）无线冗余解决方案

对于网络可靠性要求较高的应用环境，如金融、证券等，接入点一旦失效，整个无线网络会瘫痪，将带来很大损失。因此，可以将两个接入点放置在同一位置，从而实现无线冗余备份的方案。

（六）多蜂窝漫游工作方式

在一个大楼中或者在很大的平面里部署无线网络时，可以布置多个接入点构成一套微蜂窝系统，这与移动电话的蜂窝系统十分相似。微蜂窝系统允许一个用户在不同的接入点覆盖区域内任意漫游，随着位置的变换，信号会由一个接入点自动切换到另外一个接入点。整个漫游过程对用户是透明的，虽然提供连接服务的接入点发生了切换，但对用户的服务却不会中断。

第六节　无线广域网

一、无线广域网概述

进入 21 世纪以来，移动终端设备变得越来越精致、小巧，功能却越来越强大。为了能够将这些移动终端设备接入网络，无线广域网顺势而生。无线广域网不是一个新鲜技术。它已经发展了 100 多年，并广泛应用于信息传输领域。

无线广域网是指那些覆盖全国或者全球范围的无线网络，该网络提供更大范围内的无线接入。与其他无线网络相比，无线广域网更注重快速移动性。典型的无线广域网包括 GSM 移动通信系统和卫星通信系统。

无线广域网，又称 WWAN，是一种通过无线技术将物理距离极为分散的局域网连接起来的通信形式。无线广域网连接距离范围极大，一般为一个国家或是一个洲，其目的是将分布较远的各局域网互联。无线广域网由末端系统（两端的用户集合）和通信系统（中间链路）两部分组成。

常见的无线广域网技术主要有全球移动通信系统（GSM）、GPRS、3G、4G及 5G。

二、2G 网络

（一）GSM

1. GSM 的定义

全球移动通信系统（global system for mobile communieations，GSM）是由欧洲电信标准协会（ETSI）制定的一个数字移动通信标准，该标准采用时分多址技术作为空中接口。20 世纪 90 年代中期，GSM 系统就已投入商用，全球超过 100多个国家都在使用 GSM 系统。

2015 年，全球诸多 GSM 网络运营商已经将 2017 年确定为关闭 GSM 网络的年份。

2. GSM 系统的组成

从系统组成来看，GSM 系统主要由移动台（MS）、基站子系统（BSS）、移动网子系统（NSS）和操作支持子系统（OSS）四部分构成，如图 2 – 8 所示。

（1）移动台（MS）。移动台是 GSM 系统中的用户使用设备，包括手持式、车载式和便携式三种形式。随着 GSM 标准的数字式手持移动设备进一步小型化，移动设备的用户将拥有巨大的市场占有率。

（2）基站子系统（BSS）。基站子系统是 GSM 系统中最基本的组成部分。它通过无线接口直接与移动台相接，基站子系统负责无线发送接收和无线资源管理。与此同时，基站子系统还与移动业务交换中心互联，实现移动用户之间或移动用户与固定用户之间的通信。

（3）移动网子系统（NSS）。移动网子系统主要包含 GSM 系统的交换功能和用于用户数据与移动性管理、安全性管理所需的数据库功能，它对 CSM 移动用户之间的通信和 GSM 移动用户与其他通信网用户之间的通信具有管理作用。

（4）操作支持子系统（OSS）。操作支持子系统需完成许多任务，包括移动用户管理、移动设备管理以及网络操作和维护。

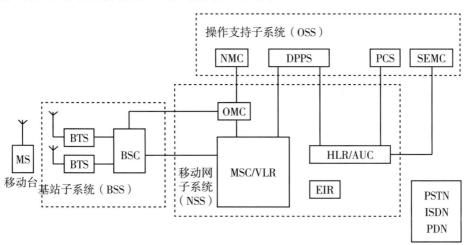

图 2 – 8　GSM 系统组成

（二）GPRS

1. GPRS 的定义

通用分组无线服务技术（general packet radio service，GPRS）技术属于第二代移动通信数据传输业务。可以说，GPRS 技术是 GSM 技术的延续。GPRS 的传输速率可提升至 56 千比特/秒甚至 114 千比特/秒。

2. GPRS 系统的组成

GPRS 系统由 SGSN、GGSN、PCU、PSTN、PDN、HLR/AUC、BSC、BTS、MSC 等组成。

（1）GPRS 服务支持节点（serving GPRS support node，SGSN）。SGSN 的主要作用是记录 MS 的当前位置信息，提供移动性管理和路由选择等服务，并且在 MS 和 GGSN 之间完成移动分组数据的发送与接收。

（2）GPRS 网关支持节点（gateway GPRS support node，GGSN）。GGSN 起网关作用，将 GSM 网络中的分组数据包进行协议转换，之后发送到 TCP/IP 或 X.25 网络中。

（3）分组控制单元（packet control unit，PCU）。PCU 位于 BSS，用于处理数据业务，并将数据业务从 GSM 语音业务中分离出来。

（4）公共交换电话网络（public switched telephone network，PSTN）。PSTN 是一种常用的旧式电话系统，即人们日常生活中常用的电话网。它是一种全球语音通信电路交换网络。

（5）公用数据网（publie data network，PDN）。PDN 是一种由电信运营商组建的广域网，提供接入广域网的服务与技术，为用户提供高质量数据传输服务。

（6）归属位置寄存器/用户鉴权中心（home location register/authentication center，HLR/AUC）。HLR/AUC 是一个负责移动用户管理的数据库，用于永久存储和记录所辖区域内用户的签约数据，并动态地更新用户的位置信息，以便在呼叫业务中提供被呼叫用户的网络路由。

（7）基站控制器（base station contoller，BSC）。BSC 是 BTS 和 MSC 之间的连接点，为 BTS 和 MSC 之间交换信息提供接口。一个基站控制器通常控制几个 BTS。BSC 的主要功能是进行无线信道管理、实施呼叫以及通信链路的建立和拆除，并为本控制区内移动台的过区切换进行控制等。

（8）基站收发台（base transceiver station，BTS）。一个完整的 BTS 包括无线发射/接收设备、天线和所有无线接口特有的信号处理部分。BTS 可看作一个无线调制解调器，负责移动信号的接收和发送处理。

（9）移动交换中心（mobile switching center，MSC）。MSC 是整个 GPRS 网络的核心，控制所有 BSC 的业务，提供交换功能及系统内其他功能的连接。

3. GPRS 技术的特点

（1）GPRS 技术为用户提供端到端的数据传输，能够有效地利用网络资源，降低通信成本。

（2）GPRS 网络可支持多种数据应用。

（3）GPRS 网络接入速度快，能够实现与有线网络的无缝连接。

（4）GPRS 系统计费更加合理。

（5）GPRS 可利用 GSM 无线网络完成无线网络部署。

（6）GPRS 网络顺应通信网络的发展趋势。

三、3G 网络

（一）3G 技术

第三代移动通信技术，简称 3G，是一种支持高速数据传输的蜂窝移动通信技术。3G 技术可以实现声音及数据信息的同时传输，传输速率一般在几百千比特/秒以上。

3G 技术下行速度峰值理论上可达 3.6 兆比特/秒（另一个说法是 2.8 兆比特/秒），上行速度理论上可达 384 兆比特/秒。目前，我国支持国际电信联盟确定的三个无线接口标准，分别是中国电信的 CDMA2000、中国联通的 WCDMA、中国移动的 TD-SCDMA。CDMA2000 技术来自美国，WCDMA 技术来自欧洲，TD-SCDMA 技术来自中国。

（二）3G 技术接口标准

（1）CDMA2000。CDMA2000 是由窄带 CDMA（CDMA IS95）技术发展而来的宽带 CDMA 技术，也称为 CDMA Muli-Carrier。它由美国高通北美公司提出，摩托罗拉、朗讯以及后来加入的韩国三星都有参与。这套系统是从窄频 CDMA One 数字标准衍生出来的，可以从原有的 CDMA One 结构直接升级到 3C，建设成本低廉。但使用 CDMA 的地区只有日本、韩国和北美，因此 CDMA2000 的支持者不如 WCDMA 多。不过，CDMA2000 的研发技术却是目前各标准中进度最快的，许多 3C 手机已经率先面世。该标准提出了 CDMA IS95（2G）——CDMA2000 1x——CD-MA2000 3x（3G）的演进策略。CDMA2000 1x 被称为 2.5 代移动通信技术。CD-MA2000 3x 与 CDMA2000 1x 的主要区别在于应用了多路载波技术，通过采用三载波增加带宽。中国电信采用这一方案向 3G 过渡，并已建成了 CDMA IS95 网络。

CDMA2000 技术主要技术指标如下：

① RTT FDD；

② 同步 CDMA 系统：有 GPS；

③ 带宽：1.25 兆赫兹；

④ 码片速率：每秒 1.2288 兆周；

⑤ 中国频段：1 920 ~ 1 935 兆赫兹（上行）、2 110 ~ 2 125 兆赫兹（下行）。

（2）WCDMA。宽频分码多重存取（wideband code division multiple access，WCDMA），该技术是在 GSM 技术上发展出来的一项 3G 技术规范，它是欧洲提出来的宽带 CDMA 技术。WCDMA 技术的支持者多以欧洲厂商为主，日本公司也有参与其中，包括欧美的爱立信、阿尔卡特、诺基亚、朗讯、北电以及日本的 NTT、富士通、夏普等厂商。该标准提出了 GSM（2G）——GPRS——EDGE——WCDMA（3G）的演进策略。这套系统能够假设在现有的 GSM 网络上，系统提供商可以很轻松地实现 2G 网向 3G 网的转变。在 GSM 技术相对普及的亚洲地区，WCDMA 技术接受度会很高。因此，WCDMA 技术拥有足够多的市场优势。WCDMA 已是当前世界上采用范围最广泛的，终端种类最丰富的一种 3G 标准，占据全球 80% 以上市场份额。

WCDMA 技术主要技术指标如下：

① ARTT FDD；

② 异步 CDMA 系统：无 GPS；

③ 带宽：5 兆赫兹；

④ 码片速率：每秒 3.84 兆周；

⑤ 中国频段：1 940 ~ 1 955 兆赫兹（上行）、2 130 ~ 2 145 兆赫兹（下行）。

（3）TD-SCDMA。全称为 Time Division-Synchronous CDMA（时分同步 CDMA），该标准是由我国独自制定的 3G 标准。1999 年 6 月 29 日，中国原邮电部电信科学技术研究院（大唐电信）向国际电信联盟提出该标准方案，但技术发明始于西门子公司，TD-SCDMA 具有辐射低的特点，被誉为"绿色 3G"。该标准将智能无线、同步 CDMA 和软件无线电等国际领先技术融于其中，在频谱利用率、业务支持灵活性、频率灵活性及成本等方面有独特优势。另外，由于中国庞大的市场，该标准受到各大主要电信设备厂商的重视，全球一半以上的设备厂商都宣布可以支持 TD-SCDMA 标准。该标准提出不经过 2.5 代的中间环节，直接向 3G 过渡，因此十分适用于 GSM 系统向 3G 升级。军用通信网也是 TD-SCDMA 的核心任务。相较另两个主要 3G 标准 CDMA2000 和 WCDMA，TD-SCDMA 起步较晚，技术不够成熟。

TD-SCDMA 技术主要技术指标如下：

① RTT TDD；

② 同步 CDMA 系统：有 GPS；

③ 带宽：1.6 兆赫兹；

④ 码片速率：每秒 1.28 兆周；

⑤ 中国频段：1 880 ~ 1 920 兆赫兹（上行）、2 010 ~ 2 025 兆赫兹（下行）。

（三）3G 技术应用

1. 宽带上网

宽带上网是 3G 手机的重要功能之一。随着 3G 网络的普及，人们已经能够在手机上收发语音邮件、写博客、聊天、搜索、下载图片等。3G 时代的到来，让人们的智能手机更加智能化和网络化。

2. 手机商务

与传统的 OA 系统相比，手机办公摆脱了传统 OA 局限于局域网的桎梏，办公人员可以随时随地访问政府和企业的数据库，进行实时办公和处理业务，从而极大地提高了办公和执法的效率。

3. 视频通话

3G 时代，传统的语音通话已经十分普及，视频通话和语音信箱等新业务才是主流。传统的语音通话资费会降低，而视觉冲击力强、快速直接的视频通话会更加普及并飞速发展。

4. 手机电视

从运营商层面来说，3G 牌照的发放解决了一个很大的技术障碍，TD 和 CMMB 等标准的建设也推动了整个行业的发展。手机流媒体软件成为 3G 时代最多使用的手机电视软件，视频影像的流畅度和画面质量不断提升，技术瓶颈不断突破，使流媒体软件得以真正大规模地被应用。

5. 无线搜索

对于用户来说，无线搜索是比较实用的移动网络服务，也能让人快速接受。随时随地用手机搜索已变成许多手机用户一种平常的生活习惯。

6. 手机音乐

3G 时代，只要在手机上安装一款手机音乐软件，就能通过手机网络随时随地让手机变身"音乐魔盒"，轻松收纳无数首歌曲，且下载速度更快。

四、4G 网络

（一）4G 技术的定义

第四代移动电话行动通信标准，是指第四代移动通信技术（以下简称 4G）。该技术包括 TD-LTE 和 FDD-LTE 两种制式（严格意义上讲，LTE 只是 3GPP，尽管被宣传为 4G；无线标准，但它其实并未被 3GPP 认可为国际电信联盟所描述的下一代无线通信标准 IMIT-Advanced。因此，在严格意义上，其还未达到 4G 的标准。只有升级版的 LTE-Advanced 才满足国际电信联盟对 4G 的要求）。

（二）4G 技术的优势

1. 通信速度快

从移动通信系统数据传输速率上看，第一代模拟式移动通信系统仅提供语音服务；第二代数字式移动通信系统传输速率也只有 9.6 千比特/秒，最高达 32 千比特/秒，如 PHS；第三代移动通信系统数据传输速率可达 2 兆字节/秒；第四代移动通信系统传输速率可达到 20 兆字节/秒，甚至最高可以达到 100 兆字节/秒，这种速度相当于 2009 年最新手机的传输速度的 1 万倍左右，是第三代手机传输速度的 50 倍。

2. 网络频谱宽

要想使 4G 通信达到 100 兆字节/秒的传输速率，通信营运商必须在 3G 通信网络的基础上，进行大幅度的改造和研究，以便使 4G 网络在通信带宽上比 3G 网络的蜂窝系统的带宽高出许多。

3. 通信灵活

从严格意义上讲，4G 手机的功能已不能简单划归为"电话机"的范畴，毕竟语音资料的传输只是 4G 移动电话的功能之一。因此，4G 手机更应该算得上是一台小型电脑，而且 4G 手机从外观和式样上会有更惊人的突破。例如，人们可以想象到的任何一件能看到的物品都有可能成为 4G 终端。

4. 智能性能高

第四代移动通信的智能性更高，不仅表现在 4G 通信终端设备的设计和操作具有的智能化，更重要的是 4G 手机可以实现许多难以想象的功能。例如，用户对菜单和滚动操作的依赖程度大大降低。

5. 兼容性好

4G 通信之所以能被人们快速接受，不仅是由于其具有强大的功能，还在于其具备全球漫游，接口开放，能跟多种网络互联，终端多样化，以及能从第二代、第三代平稳过渡等特点。

（三）4G 的核心技术

1. OFDM 技术

OFDM 技术，即正交频分复用技术，是一种无线环境下的高速传输技术，其主要思想是在频域内将给定信道分成许多正交子信道，在每个子信道上使用一个子载波进行调制，各子载波并行传输。尽管总的信道是非平坦的，即具有频率选择性，但是每个子信道是相对平坦的，在每个子信道上进行的是窄带传输，信号带宽小于信道的相应带宽。OFDM 技术的优点是可以消除或减小信号波形间的干扰，对多径衰落和多普勒频移不敏感，从而提高了频谱利用率，可实现低成本的单波段接收。OFDM 技术的主要缺点是效率不高。

2. 调制与编码技术

4G 移动通信系统采用新的调制技术，如多载波正交频分复用调制技术及单载波自适应均衡技术等调制方式，以保证频谱利用率并延长用户终端电池的寿命。4G 移动通信系统采用更高级的信道编码方案（如 Turbo 码、级联码和 LDPC 码等）、自动重发请求（ARQ）技术和分集接收技术等，从而在低 Eb/NO 条件下保证系统具备足够的性能。

3. 智能天线技术

智能天线技术采用数字信号处理技术，产生空间定向波束，使天线主波束对准用户信号到达方向，旁瓣或零线对准干扰信号到达方向，从而达到充分利用移动用户信号并消除或抑制干扰信号的目的。这种技术既能改善信号质量也能增加传输容量。

4. MIMO 技术

MIMO 技术，即多输入/多输出技术，是指利用多发射、多接收天线进行空间分集的技术，采用分立式多天线，能够有效地将通信链路分解成许多并行的子信道，从而大大提高了容量。

五、5G 网络

（一）5G 技术的定义

5G 技术（5th-generation）即第五代移动通信技术，是最新一代蜂窝移动通信技术。2015 年 6 月，国际电信联盟（International Telecommunication Union, ITU）正式命名第五代技术的编号为 IMT-2020。5G 的性能目标是高数据速率、减少延迟、节省能源、降低成本、提高系统容量和大规模设备连接。

回顾历代移动通信技术，1G 实现了移动通话，2G（GSM）实现了短信、数字语音和手机上网，3G（UMTS、LTE）带来了基于图片的移动互联网，4G

（LTE－A、WiMAX）推动了移动视频的发展。5G 在设计之时，就考虑了人与物、物与物的互联，所以 5G 不仅能进一步提升用户的网络体验，还将满足未来万物互联的应用需求。

（二）5G 的三大应用场景

2015 年 9 月，ITU 正式确认了 5G 的三大应用场景，分别是增强型移动宽带（enhance mobile broadband，eMBB）、高可靠低时延连接（ultra-reliable & low latency communication，uRLLC）和海量物联网通信（massive machine type communication，mMTC）。其中，eMBB 是主要为人联网服务的，uRLLC 和 mMTC 是主要为物联网服务的，体现出 5G 的物联网属性更强。

eMBB 场景就是现在人们使用的移动宽带（移动上网）的升级版，主要服务于消费互联网的需求，强调网络的带宽（速率）。5G 指标中，速率达到 10 吉比特/秒以上，就是服务于 eMBB 场景的。

uRLLC 主要服务于物联网场景，如车联网、无人机、工业互联网等。这类场景对网络的时延有很高的需求，要求达到 1 毫秒，相比 4G 的 10 毫秒降低了将近 10 倍。在虚拟电厂应用中，如果时延较长，网络无法在极短的时间内对数据进行响应，就有可能发生电力供应事故，虚拟电厂对网络可靠性的要求也很高。

mMTC 也是典型的物联网场景，如智能电表等，在单位面积内有大量的终端，需要网络能够支持这些终端同时接入，并要求在单位面积区域具备更高的带宽。这一要求使连接设备密度较 4G 增加了 10～100 倍。

（三）5G 关键技术

非正交多址接入（NOMA）可以在保证用户公平性的条件下，获得更大的系统吞吐量。

毫米波通信。毫米波的频带资源非常充分，有大量的带宽可以使用，带宽的扩展是提高数据传输速率最有效的方法。

大规模 MIMO 技术，即为一个基站配备大量的天线，便于为处于同一时频资源内的用户提供服务。大规模 MIMO 技术的优点在于能够显著地改善系统容量。

认知无线电技术是解决频谱资源稀缺、提高频谱利用率的关键技术。主要是通过感知空闲的频谱，将其分配给次用户 SU，而不对主用户 PU 产生影响。

超密集网络（UDN），即尽可能地接近用户，在热点区域大量地部署发射功率较小的小区。优点是使得单位面积的频谱复用率得到提高，且提高网络容量，进而缩短用户的链路，提高链路的质量。

（四）5G 技术的发展

移动通信技术的每一代革新都在性能、速度等方面有较大的提升，给社会带来了全新的变化和机遇。为了在 5G 时代取得技术的主导地位，全球多个组织都在 5G 研发领域投入了巨量的资金。5G 技术的发展主要包括以下几个方面。

（1）更快的速度：5G 技术能够提供比 4G 更高的数据传输速率，可以达到每秒 10 交换宽带的速度，比 4G 的 1 交换宽带速度快了 10 倍以上。这使得 5G 技术可以更好地支持高清视频、虚拟现实和增强现实等应用。

（2）更低的延迟：5G 技术可以将延迟降低到 1 毫秒以下，这意味着数据传输速度更快、更高效、更及时。这对于需要实时交互的应用，如远程医疗、自动驾驶等，非常重要。

（3）更大的容量：5G 技术可以连接更多的设备，每平方千米可以连接 100 万个设备，比 4G 的 10 万个设备要多 10 倍以上。这使得 5G 技术可以更好地支持物联网应用和大规模机器通信。

（4）更可靠的网络：5G 技术采用了更多的安全和冗余机制，以保证网络的稳定性和可靠性。这使得 5G 技术可以更好地支持关键应用，如医疗保健、金融和交通等。

（5）更低的能耗：5G 技术可以更有效地利用能源，以延长设备的电池寿命。这对于移动设备和物联网设备非常重要，因为它们需要长时间的使用和低能耗。

课后练习

1. 蓝牙是一种开放的技术规范，实现了短距离的无线语音和数据通信，简要概括蓝牙技术几个方面的特点。

2. 蓝牙技术的优势是什么？

3. Wi-Fi 具有哪些特点？

4. 简单介绍一下无线局域网的拓扑结构。

第三章

串口通信技术

第一节　串口通信的概念与原理

一、串口通信概念

串口是计算机上一种非常通用的设备通信的协议。大多数计算机包含两个基于 RS-232 的串口。串口同时也是仪器仪表设备通用的通信协议，很多 GPIB 兼容的设备也带有 RS-232 串口。同时，串口通信协议也可以用于获取远程采集设备的数据。

二、串口通信原理

串口通信的概念非常简单，串口按位（bit）发送和接收字节。尽管比按字节（byte）的并行通信慢，但是串口可以在使用一根线发送数据的同时用另一根线接收数据。它很简单并且能够实现远距离通信。例如，IEEE 488 定义并行通行状态时，规定设备线总长不得超过 20 米，并且任意两个设备间的长度不得超过 2 米；而对于串口而言，长度可达 1200 米。典型地，串口用于 ASCII 码字符的传输。由于串口通信是异步的，端口能够在一根线上发送数据并同时在另一根线上接收数据。其他线用于握手，但不是必需的。串口通信最重要的参数是波特率、数据位、停止位和奇偶校验。对于两个进行通信的端口，这些参数必须匹配。

（一）波特率

波特率是一个衡量通信速度的参数，表示每秒钟传送的比特的个数。例如，300 波特表示每秒钟发送 300 个比特。当我们提到时钟周期时，就是指波特率。例如，如果协议需要 4800 比特，那么时钟是 4800 赫兹。这意味着串口通信在数据线上的采样率为 4800 赫兹。通常电话线的波特率为 14400 赫兹、28800 赫兹和 36600 赫兹。波特率可以远远大于这些值，但是波特率和距离成反比。高波特率常常用于放置很近的仪器间的通信，典型的例子就是 GPIB 设备的通信。

（二）数据位

这是衡量通信中实际数据位的参数。当计算机发送一个信息包，实际的数据不会是 8 位的，而标准的值是 5 位、7 位和 8 位。如何设置取决于你想传送的信息。例如，标准的 ASCII 码是 0~127（7 位），扩展的 ASCII 码是 0~255（8 位）。

如果数据使用简单的文本（标准 ASCII 码），那么每个数据包使用 7 位数据。每个包是指一个字节，包括开始/停止位，数据位和奇偶校验位。由于实际数据位取决于通信协议的选取，术语"包"指任何通信的情况。

（三）停止位

停止位用于表示单个包的最后一位。典型的值为 1 位、1.5 位和 2 位。由于数据是在传输线上定时的，并且每一个设备有其自己的时钟，很可能在通信中两台设备间出现了小小的不同步。因此，停止位不只是表示传输的结束，还提供计算机校正时钟同步的机会。适用于停止位的位数越多，不同时钟同步的容忍程度越大，但是数据传输率同时也越慢。

（四）奇偶校验位

奇偶校验位这是在串口通信中一种简单的检错方式。有四种检错方式：偶、奇、高和低。当然没有校验位也是可以的。对于偶校验和奇校验的情况，串口会设置校验位（数据位后面的一位），用一个值确保传输的数据有偶数个或者奇数个逻辑高位。例如，如果数据是 011，那么对于偶校验，校验位为 0，保证逻辑高的位数是偶数个。如果是奇校验，校验位为 1，这样就有 3 个逻辑高位。这使得接收设备能够知道一个位的状态，有机会判断是否有噪声干扰了通信或者传输和接收数据是否不同步。

（五）RS‒232

RS‒232（ANSI/EIA‒232 标准）是 IBM‒PC 及其兼容机上的串行连接标准。可用于许多用途，如连接鼠标、打印机或者 Modem，同时也可以连接工业仪器仪表，用于驱动和连线的改进。实际应用中 RS‒232 的传输长度或者速度常常超过标准的值。RS‒232 只限于 PC 串口和设备间点对点的通信，其串口通信最远距离是 50 英尺。

第二节 相关基础知识

一、串行通信的基本方式

按照串行数据的同步方式，串行通信分为异步通信和同步通信两类。异步通信是一种利用字符的再同步技术的通信方式；同步通信是按照软件对同步字符的识别来实现数据的发送与接收。

（一）异步通信

异步通信（universal asychronous receiver-transmitter）指接收器和发送器有各自的时钟，非同步传送的数据是一个字符代码或一个字节数据，数据以帧的形式一帧一帧传送。

异步通信以字符为传送单位，从起始位 0、数据位（由低到高，5~8 位）、奇偶校验位和停止位 1 逐位传送。第 9 位 D8 可作奇偶校验位，也可是地址/数据帧标志。字符位数间隔不固定，用空闲位 1 填充。异步通信的一帧数据格式如图 3-1 所示。

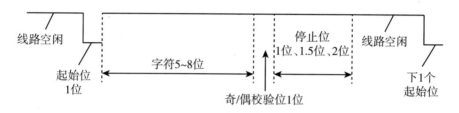

图 3-1 异步通信的一帧数据格式

（二）同步通信

在同步通信中，每一数据块开头时发送一个或两个同步字符，使发与收双方取得同步，然后再顺序发送数据。数据块的各个字符间取消了起始位和停止位，通信速度得以提高。同步通信数据帧格式如图 3-2 所示。

同步字符1	同步字符2	数据块	校验字符1	校验字符2

图 3-2 同步通信数据帧格式

同步字符可采用统一标准格式，在单同步字符帧结构中，同步字符采用 ACSII 码中规定的 SYN（即 16H）代码；在双同步字符帧结构中，同步字符一般采用国际通用标准代码 EB90H，也可由收发双方在传送之前约定好。

二、串行通信的波特率

在串行通信中，对数据传送速度有一定要求。波特率表示每秒传送的位数，单位是比特/秒（bit per second，bps）或波特（记作 Baud）。1 波特 = 1 比特/秒。

例如，数据传送速率为每秒 120 个字符，若每个字符（一帧）为 10 位，则传送波特率为 120 字符/秒 × 10 比特/字符 = 1 200 比特/秒。

波特率是串行通信的重要指标，用于表征数据传输的速度。波特率越高，表明数据传输速度越快，波特率和字符的实际传输速率不同。字符的实际传输速率是指每秒内所传字符帧的帧数，和字符帧格式有关。在实际应用中，一定要注意串行通信系统中字符帧的格式。

字符帧的每一位传输时间（T_d）定义为波特率的倒数。例如，波特率为 1 200 比特/秒的通信系统，其每一位数据的传输时间 T_d = 1/1 200 = 0.833（毫秒）。

波特率和信道的频带有关，波特率越高，所需要的信道频带就越宽。因此，波特率也是衡量通信系统带宽的重要指标。波特率不同于发送时钟和接收时钟，常常是时钟频率的 1/16 或 1/64。

在串行通信的发送和接收端进行波特率设置时，必须采用相同的波特率，才能保证串行通信的正确。异步通信的传送速率一般为 50 ~ 115 200 比特/秒。国际上规定了标准波特率系列，这些标准波特率系列为 110 比特/秒、300 比特/秒、600 比特/秒、1 200 比特/秒、1 800 比特/秒、2 400 比特/秒、4 800 比特/秒、9 600 比特/秒、19 200 比特/秒、38 400 比特/秒、57 600 比特/秒和 115 200 比特/秒等。

三、串行数据传送方向

串口通信按照通信方向分，有单工方式、半双工方式和全双工方式。串行通信传输方式如图 3 - 3 所示。

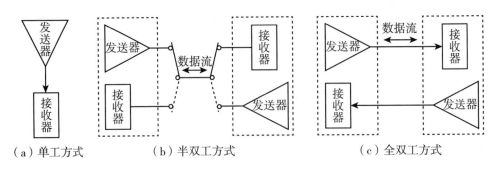

（a）单工方式　　　　（b）半双工方式　　　　（c）全双工方式

图 3 - 3　串行通信传输方式

（1）单工方式。

单工方式仅有一对传输线，允许数据单方向传送。

（2）半双工方式。

半双工方式有一对传输线，允许数据分时向两个方向中的任一方向传送数据，但不能同时进行。

（3）全双工方式。

半双工方式有一对传输线，允许数据分时向两个方向中的任一方向传送数据，但不能同时进行。

（4）串行通信接口种类。

根据串行通信格式及约定（如同步方式、通信速率、数据块格式等），形成了许多串行通信接口标准，常见标准有通用异步串行通信接口（UART）、通用串行总线接口（USB）、集成电路间的串行总线（PC）、同步串行外设总线（SPI）、485 总线、CAN 总线接口等。

四、单片机串口的结构

80C51 单片机具有一个可编程的全双工串口，可以同时发送、接收数据，发送、接收数据可通过查询或中断方式处理，使用十分灵活。通过编程设定串行口相关的特殊功能寄存器，可作为同步移位寄存器或者作为 UART，其数据帧有 8 位、10 位和 11 位三种格式，可设置波特率，使用方便灵活。

（一）80C51 串口结构

80C51 单片机通过串行数据接收端引脚 RXD（P3.0）和串行数据发送端 TXD（P3.1）与外界进行通信，其内部结构如图 3-4 所示，80C51 单片机串口主要由发送数据缓冲器、发送控制器、输出控制门、接收数据缓冲器、接收控制器、输入移位寄存器等组成。发送缓冲器 SBUF 和接收缓冲器 SBUF 共用一个特殊功能寄存器地址（99H）。发送时，通过写入 SBUF，数据以一定波特率从 TXD（方式 0 时为 RXD）引脚串行输出，低位在先，高位在后，发送完一帧数据置"1"发送中断标志位 TI。接收时，接收器以一定波特率采样 RXD 引脚的数据信息，当收到一帧数据时置"1"接收中断标志位 RI。

（二）串口相关的特殊功能寄存器

从用户使用的角度，控制串口的特殊功能寄存器有 3 个：接收和发送缓冲器 SBUF（99H）、串口控制状态寄存器 SCON 和电源控制寄存器 PCON。

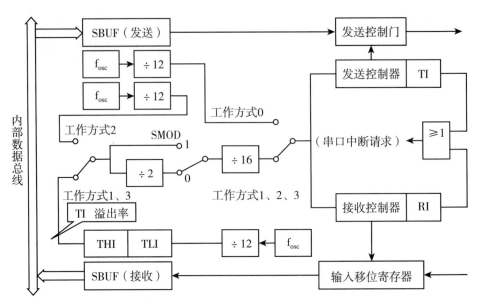

图 3 - 4　80C51 单片机串口内部结构（RXD）输入移位寄存器

1. 发送缓冲器 SBUF 和接收缓冲器 SBUF

发送和接收 SBUF 共用一个特殊功能寄存器地址（99H），区别在于发送缓冲器只能写不能读，接收缓冲器只能读不能写。

2. 串口控制/状态寄存器 SCON（98H）

SCON 用于设置串口的工作方式和标识串口的状态，其字节地址为 98H，可位寻址；复位值为 0000 0000B。寄存器中各位内容如表 3 - 1 所示。

表 3 - 1　　　　　　　　串口控制寄存器 SCON

SCON	D7	D6	D5	D4	D3	D2	D1	D0
位名称	SM0	SM1	SM2	REN	TB8	RB8	TI	RI
位地址	9FH	9EH	9DH	9CH	9BH	9AH	99H	98H

（1）SM0 和 SM1（SCON.7、SCON.6）：串口工作方式选择位，用于选择 4 种工作方式，如表 3 - 2 所示。

表 3 - 2　　　　　　　　串口工作方式

SM0　SM1	工作方式	功能说明	波特率
0　0	0	移位寄存器方式，用于 I/O 扩展	$f_{osc}/12$
0　1	1	8 位 UART	可变，T1 或 T2 提供
1　0	2	9 位 UART，可多机	$f_{osc}/64$ 或 $f_{osc}/32$
1　1	3	9 位 UART，可多机	可变，T1 或 T2 提供

（2）SM2（SCON.5）：多机通信控制位，在方式2或方式3中使用。

（3）REN（SCON.4）：允许接收控制位。设置1，允许接收；清0，禁止接收。

（4）TB8（SCON.3）：发送数据的第9位。

（5）RB8（SCON.2）：接收数据的第9位。

（6）TI（SCON.1）：发送中断标志。

（7）RI（SCON.0）：接收中断标志。

串行发送中断标志TI和接收中断标志RI是同一个中断源引起的。由于CPU不知道是发送中断标志TI还是接收中断标志RI产生的中断请求，所以在全双工通信时，必须由软件来判别。

3. 电源控制寄存器PCON

PCON的字节地址为87H，没有位寻址功能，其各位内容如表3-3所示。串口工作于方式1、方式2和方式3时，PCON中的波特率选择位SMOD（PCON.7）设置为1时，串口波特率加倍。SMOD不能进行位寻址，其复位值为0000 0000B。

表3-3　　　　　　　　　串口电源控制寄存器PCON

D0	D7	D6	D5	D4	D3	D2	D1	D0
IDL	SMOD	—	—	—	GF1	GF0	PD	IDL

第三节　串口通信技术开发

一、引导任务

以下将对实现串口通信程序的设计进行描述，通过具体的串口通信实例对串口通信原理有一个直观的理解，并作为本书后面学习内容的基础。

在进行串口通信时，一般的流程是设置通信端口号及波特率、数据位、停止位和校验位，打开端口连接，发送数据，接收数据，关闭端口连接这样几个步骤。实现的主要功能包括以下几点：

（1）串口基本参数的设置；

（2）串口的打开与关闭；

（3）通过串口发送十六进制数据；

（4）通过串口接收十六进制数据。

二、开 发 环 境

系统要求：Windows 7/XP。

开发工具：Visual Studio 2010。

开发语言：C#。

硬件设备：串口线（或用串口模拟器软件代替）。

三、界 面 设 计

（1）新建窗体 Form：将 Form 控件命名为："Frm_SP"，属性 Text 的值为"串口通信"，窗体作为整个程序各个功能控件的载体。

（2）添加 2 个 ComboBox 控件，分别命名为"Cb_Sp"和"Cb_Bt"，表示串口名称和串口的波特率，分别添加 Label 控件加以标识。

（3）添加 1 个 Button 控件，命名为"Btn_Open"，用来触发打开串口事件。

（4）添加 2 个 GroupBox 控件，分别命名为"Gb_Receive""Gb_Send"，属性 Text 的值分别为"数据接收"和"数据发送"，作为其他控件的容器。

（5）在 Text 值为"数据接收"的 GroupBox 控件中添加 RichTextBox 控件，命名为"txtMsg"；在 Text 值为"数据发送"的 GroupBox 控件中添加 RichTextBox 控件，命名为"txtSendMg"。RichTextBox 分别用来获取和显示发送、接收的信息。在 Text 值为"发送"的 GroupBox 控件中添加一个 Button 控件，命名为 Btn_Send 控件，用来触发发送事件。

（6）在 Text 值为"数据接收"的 GroupBox 控件中添加 2 个 RadioBox 控件，命名为"Rab_Hex"和"Rab_Com"，用来表示十六进制的选项和换行选项；在 Text 值为"数据发送"的 GroupBox 控件中添加 RadioBox 控件，命名为"Rab_HexS"，用来表示发送数据十六进制的选项。

四、代 码 实 现

（一）引用命名空间

System. IO. Ports 命名空间包含了控制串口重要的 SerialPort 类，该类提供了同步 IO 和事件驱动的 I/O、对管脚和中断状态的访问以及对串行驱动程序属性的访问，所以在程序代码起始位置需加入 Using System. IO. Ports。

(二) 串口实例化与通信参数

(1) 通信端口号：PortName 的属性为获取或设置通信端口，包括但不限于所有可用的 COM 端口，该属性返回类型为 String。通常情况下，PortName 正常返回的值为 COM1、COM2……SerialPort 类最大支持的端口数突破了 CommPort 控件中 CommPort 属性不能超过 16 的限制，大大方便了用户串口设备的配置。

(2) 通信格式：SerialPort 类分别用 BaudRate、Parity、DataBits、StopBits、ReadTimeout 属性设置通信格式中的波特率、数据位、停止位、校验位和延时时长。其中，Parity 和 StopBits 分别是枚举类型 Parity、StopBits，Parity 类型中枚举了 Odd（奇）、Even（偶）、Mark、None、Space，StopBits 枚举了 None、One、OnePointFive、Two。ReadTimeout 单位设置为毫秒。

SeralPort 类提供了七个重载的构造函数，既可以对已经实例化的 SerialPort 对象设置上述相关属性的值，也可以使用指定的端口名称、波特率、奇偶校验位中的数据位和停止位直接初始化 SerialPort 类的新实例。

示例代码：

```
private SerialPort comm = new SerialPort ( ) ;//实例化串口类
serialPort 1. PortName = "com 1" ;
serialPort1. BaudRate = 9600 ;
serialPortl . DataBits = 8 ;
serialPort1. Parity = Parity. None ;
serialPortl . StopBits = StopBits. One ;
serialPortl . ReadTimeout = 1000 ;
```

(三) 串口的打开和关闭

SerialPort 调用类的 Open ( ) 和 Close ( ) 方法对端口进行打开关闭操作。
示例代码：

```
private void SerialPort Open ( )
    {
        if ( comm. IsOpen )
```

```
                    {
            comm. Close ( ) ;
                }
        else
        {
    comm. PortName  = comboPortName. Text ;
    comm. BaudRate  = int. Parse ( comboBaudrate. Text ) ;
    Try
    {
    comm. Open ( ) ;
    }
catch ( Exception ex )
{
        comm  =  new SerialPort ( ) ;
        MessageBox. Show ( ex. Message ) ;
        }
}
button2. Text  = comm. IsOpen ? "关闭" : "打开";
buttonSend. Enabled  =  comm. IsOpen ;
    }
```

（四）数据的发送和读取

Serial 类调用重载的 Write 和 WriteLine 方法发送数据。其中，WriteLine 可发送字符串并在字符串末尾加入换行符。读取串口缓冲区的方法有许多，除了 Rea-dExisting 和 ReadTo，其余的方法都是同步调用，线程被阻塞直到缓冲区有相应的数据或大于 ReadTimeOut 属性设定的时间值后引发 ReadExisting 异常。

示例代码：

```
private void button_ _Click ( object sender , EventArgs e)
Int n = 0 ;
        if ( checkBoxHexSend. Checked )
    {
```

```
        MatchCollection mc = Regex. Matches（txSend. Text，@" (? i)［/da - f］
{2}"）；
    List < byte > buf = new List < byte > ()；
    foreach（Match m in mc）
    {
    buf. Add（byte. Parse（m. Value））；
    }
    comm. Write（buf. ToArray ()，0，buf. Count）
    n = buf. Count；
    }
    else
    {
    if（checkBoxNewlineSend. Checked）
    {
    comm. WriteLine（txSend. Text）；
    n = txSend. Text. Length + 2；
      }
      else
        {
    comm. Write（txSend. Text）；
    n = txSend. TextLength；
      }
    }
    send_ count + = n；
    }
```

课后练习

1. 简单叙述一下串口通信技术的原理。

2. 串行通信的基本方式是什么?

3. 串行数据传送方向都有哪些?

第四章

无线传感器网络技术

第一节　无线传感器网络简介

综观计算机网络技术的发展史，应用需求始终是推动和左右全球网络技术进步的动力与源泉。传感器网络是近年来国内外研究和应用非常热门的领域，在国民经济建设和国防军事上具有十分重要的应用价值。目前传感器网络几乎呈爆炸式发展，因此，学习相关知识具有重要的意义。

一、定　义

无线传感器网络的分类如图 4-1 所示。

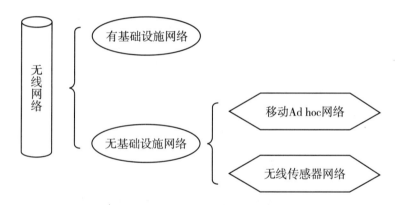

图 4-1　无线传感器网络的分类

（一）有基础设施网络

有基础设施网络需要有固定基站，如使用的手机，属于无线蜂窝网，需要高大的天线和大功率基站来支持，基站就是最重要的基础设施。使用无线网卡上网的无线局域网，由于采用了接入点这种固定设备，也属于有基础设施网。

（二）无基础设施网络——无线 Ad hoc 网络

节点是分布式的，没有专门的固定基站。

无线 Ad hoc 网络分为两类：一类是移动 Ad hoc 网络（Mobile Ad hoc Network，MANET），终端是快速移动的；另一类就是无线传感器网络，节点是静止的或移动的很慢。

（三）"无线传感器网络"术语的标准定义

无线传感器网络（wireless sensor network，WSN）是大量静止或移动的传感器以自组织和多跳的方式构成的无线网络，其目的是协作感知、采集、处理和传输网络覆盖地理区域内感知对象的监测信息，并报告给用户。如图 4 - 2 所示，大量的传感器节点将探测数据，通过汇聚节点经其他网络发送给了用户。在这个定义中，传感器网络实现了数据采集、处理和传输三种功能，而这正对应着现代信息技术的三大基础技术，即传感器技术、计算机技术和通信技术。它们分别构成了信息系统的"感官""大脑"和"神经"三个部分（见图 4 - 3）。因此，无线传感器网络正是这三种技术的结合，可以构成一个独立的现代信息系统。

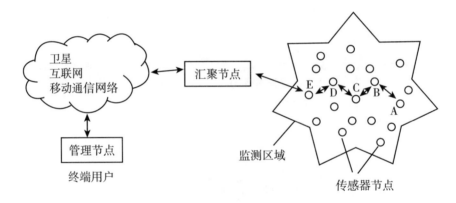

图 4 - 2　无线传感器网络示意

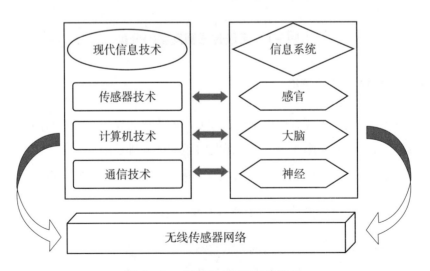

图 4 - 3　无线传感器网络类比

传感器由六个部分组成（见图 4 -4），传感模块负责探测目标的物理特征和现象；计算模块负责处理数据和系统管理；存储模块负责存放程序和数据；通信模块负责网络管理信息和探测数据两种信息的发送和接收；电源模块负责节点供电；节点由嵌入式软件系统支撑，运行网络的五层协议。

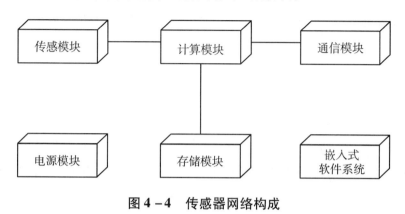

图 4 - 4　传感器网络构成

二、发展历史

无线传感器网络的发展历史可以分为三个阶段。

第一阶段：最早可以追溯到 20 世纪 70 年代"越战"时期使用的传统的传感器系统。当年密林覆盖的"胡志明小道"是胡志明部队向南方游击队源源不断输送物资的秘密通道，美军出动大量飞机进行狂轰滥炸，但仍没有切断"胡志明小道"。后来，美军投放了 2 万多个"热带树"传感器。[①]

所谓"热带树"实际上是由震动和声响传感器组成的系统，它由飞机投放，落地后插入泥土中，只露出伪装成树枝的无线电天线，因而被称为"热带树"。只要有车队经过，传感器就能探测出目标产生的震动和声响信息，自动发送到指挥中心，飞机便能立即展开追杀。该系统共帮助美军炸毁或炸坏 4.6 万辆卡车。[②]

这种早期使用的传感器系统的特征是：传感器仅产生探测数据流、传感器无计算能力、传感器之间不能相互通信。

第二阶段：20 世纪 80～90 年代，主要是美军研制的分布式传感器网络系统、海军协同交战能力系统、远程战场传感器系统等。这种现代微型化的传感器具备感知能力、计算能力和通信能力。因此，1999 年，《商业周刊》将传感器网络列为 21 世纪最具影响力的 21 项技术之一。

第二阶段的特征是：感知能力 + 计算能力 + 通信能力的综合应用。

第三阶段：21 世纪至今。这一阶段的传感器网络技术特点在于网络传输自组织、节点设计低功耗。

传感器网络技术除了用于情报部门的反恐活动，还在其他领域获得了广泛应用。所以，2002 年美国国家重点实验室——橡树岭国家实验室提出了"网络就是传感器"的论断。由于无线传感器网络在国际上被认为是继互联网之后的第二大网络，2003 年美国《技术评论》杂志评出对人类未来生活产生深远影响的十大新兴技术，传感器网络被列为第一。

在现代意义上的无线传感器网络研究及其应用方面，我国与发达国家几乎同步启动，它已经成为我国信息领域位居世界前列的少数方向之一。在 2006 年我国发布的《国家中长期科学和技术发展规划纲要（2006—2020 年）》中，为信息技术确定了三个前沿方向，其中有两项就与传感器网络直接相关，这就是智能感知和自组网技术，传感器网络的发展也符合计算设备的演化规律。

贝尔定律指出：每 10 年会有一类新的计算设备诞生。计算设备整体上是朝着体积越来越小的方向发展，从最初的巨型机演变发展到小型机、工作站、PC 和 PDA 之后，新一代的计算设备正是传感器网络节点这类微型化设备，将来还会发展到生物芯片。

三、特点

无线传感器网络有以下几个方面的特点。

（1）自组织。在节点位置确定之后，节点需要自己寻找其邻居节点，实现相邻节点之间的通信，通过多跳传输的方式搭建整个网络，并且需要根据节点的加入和退出来重新组织网络，使网络能够稳定正常地运行。

（2）分布式。网络的感知能力由若干冗余节点共同完成，每一个节点具有相同的硬件资源和通信距离，没有哪一个节点能够严格地控制网络的运行，节点消亡后网络能够重组，任意一个节点的加入或退出都不会影响网络的运行，抗击毁能力强。

（3）节点平等。除 Sink 节点外，无线传感器节点的分布随机，以自己为中心，只负责自己通信范围内的数据交换：每个节点都是平等的，没有先后优先级之间的差别，具有相同的通信能力，既可以产生数据也可以转发数据。

（4）可靠性要求高。自组织网络采用的是无线信道：而通信需要通过多跳路由（multi-hoprouting），因此数据的可靠性不高，还容易受到干扰和被窃听，保密性能差。

（5）节点资源有限。如节点的电源能量、通信能力、计算存储能力有限，而且难以维护，对节点运行的程序包括使用的存储空间、算法时间开销有较高的要求。

（6）网络规模大。大部分无线传感器网络的覆盖范围广并且部署密集，在单位面积内可能存在大量的传感器节点。

（7）时效性。无线传感器网络采集的信息需要在一定时间内及时送达观察者或是数据处理中心，对可能发生的事故和危险情况进行及时预告和提醒。

（8）节点的可感知、微型化和自组织能力是无线传感器网络所具有的三个最基本的特点。无线传感器网络的特点决定了无线传感器网络非常适合应用于恶劣的环境尤其是无人值守的场景，即使被监测区域中的部分节点损坏或休眠，也不会造成该区域的无线传感网络崩溃或影响数据的获得，网络仍能为系统提供可靠的监测数据。

四、优　势

无线传感器网络的优势主要体现在信息感知方面，具体如下所述。

（1）分布节点中多角度和多方位信息的综合，有效地提高了对被监测区域观测的准确度和信息的全面性。

（2）传感器网络低成本、高冗余的设计原则为整个系统提供了较强的容错能力，即使在极为恶劣的应用环境中，监控系统也可以正常工作。

（3）节点中多种传感器的混合应用有利于提高探测的性能指标。

（4）多节点联合，可形成覆盖面积较大的实时探测区域。借助个别具有移动能力的节点对网络拓扑结构的调整能力可以有效消除探测区域内的阴影和盲点。

五、未来发展趋势

（1）节点进一步微型化。利用芯片集成技术、微机电技术和微无线通信技术，设计体积更小、生存周期更长、成本更低的节点。

（2）寻求更好的系统节能策略。绝大部分无线传感器网络的电源不可更换或不能短时间更换，因此功耗问题一直是制约无线传感器网络发展的核心。

（3）进一步降低节点成本。由于传感器遗忘的节点数量非常大，往往是成千上万个，要使传感器网络达到实用化，要求每个节点的价格控制得比较低，甚至是一次性使用。

（4）进一步提高传感器网络的安全性和抗干扰能力。如何利用较少的能量和较小的计算量完成数据加密、身份认证等功能，在破坏或受干扰的情况下能可靠地完成其执行的任务。

（5）提高节点的自动配置能力。使网络在部分节点出现错误或休眠的情况下，能将大量的节点迅速按照一定的规则组成一定的结构。

（6）完善高效的跨层网络协议栈。在无线传感器网络已有的分层体系结构上引入跨层的机制和参数，打破层的界限，采用多层合作实现某些优化目标。

（7）网络的多应用和异构化。随着无线传感器网络的发展，同一传感器网络将从支持单一应用向支持多种不同应用发展，大规模的无线传感器网络中将包括大量的异构的传感器节点。

（8）进一步与其他网络的融合。无线传感器网络与现有网络的融合将带来新的应用。传感器网络专注于探测和收集环境信息，复杂的数据处理和存储等服务则交给基于无线传感器网络的网络体系来完成。

六、无线传感器的应用

（1）军事领域。无线传感器网络非常适合应用于恶劣的战场环境，因此军事领域成为无线传感器网络最早展开的领域，由于战争的伤亡性，传感器节点将取代人去执行一些危险任务，如监控我军兵力、装备和物资，监视冲突区，侦察敌方地形和布防，定位攻击目标，评估损失，侦察和探测核、生物和化学攻击等。

（2）环境监测和保护。在监测区域撒播大量的无线传感器节点，并提高环境监控的覆盖范围、精度和实时性。例如，跟踪生物种群，监测水位水质，预警火灾、地震、泥石流和台风等，还可用于海洋、深空等环境监测。

（3）工业监控与故障诊断。通过无线传感器网络可便于对煤矿、石油钻井、核电厂和组装线工作的设备和员工进行监控和诊断，保障设备安全和员工人身安全。

（4）智能农业。在农业领域无线传感器网络有着卓越的技术优势。它可用于监视农作物灌溉情况、土壤空气变更情况、牲畜和家禽的环境状况以及大面积地表检测。

（5）智能家居。智能家居系统的设计目标是将住宅内的各种家居设备联系起来，使各个家居设备能够自动运行，相互协作，为居住者提供更多的便利和舒适。

（6）医疗健康与监护。无线传感器网络节点微小的特点在医学上有特殊的用途。可以利用传感器监测病人的心率和血压等生理特征，随时了解病人的病情并进行及时有效的处理；可以利用传感器网络长期不间断地收集医学实验对象的生理数据，为医学研究提供依据。

（7）智能交通系统。可通过运用大量传感器网络，并配合 GPS 系统、区域网络系统等资源，优化交叉路口信号灯控制，提供车辆诱导，缓解道路拥堵，提高驾驶安全性。

（8）智能仓储物流。利用无线传感器网络的多传感器高度集成，以及部署方便、组网灵活的特点，可用来进行粮食、蔬菜、水果、蛋肉存储仓库的温度、湿度控制，中央空调系统的监测与控制，以及厂房环境控制、特殊实验室环境的控制等。

第二节 无线传感器网络的体系结构

无线传感器网络由许多个功能相同或不同的无线传感器节点组成，它的基本组成单位是节点，传感器节点在网络中可以扮演数据采集者、数据中转站或簇头节点的角色。一般节点包括了传感器、微处理器、无线接口和电源 4 个模块。传统的计算机网络技术中已成熟的一些解决方案，在无线传感器网络中依然可以使用。基于无线传感器网络自身的应用环境和特点，无线传感器网络需要依靠适当的体系结构和通信协议等支撑技术。

一、无线传感器网络结构

无线传感器网络包括目标、传感节点、汇聚节点和感知视场 4 类基本实体对象。此外，还需定义外部网络、外部网关基站、远程任务管理单元和用户等来完成对整个系统的应用描述。大量传感节点随机地密集投放于待监测区域以获取最原始的信息，通过自组织方式构成网络，协同形成对目标的感知视场。传感节点检测的目标信号经过本地简单处理后再通过邻近传感节点采用多跳的方式传输到汇聚节点，该节点又作为无线传感器网络与外部网络通信的网关节点，储备了较多的能量或本身可以进行充电，这样就可以在节点和较远的信息平台之间变换信息。网关节点通过单跳链接或者多个网络节点组成传输网络，把数据传输到基站，基站用户和远程任务管理单元通过外部网络，如卫星通信网络或互联网，把数据传输到远程数据库，用户就可以通过外部网络与汇聚节点进行交互，汇聚节点向传感节点发布查询请求和控制指令，接收传感节点返回的目标信息。

传感节点具有采集原始数据、处理本地信息、传输无线数据及与其他节点协同工作的能力，除此以外，还可以携带定位、能源补给或移动等模块。节点与节点之间以无线多跳的方式连接，网络拓扑处于可变状态。节点可采用飞行器撒播、火箭弹射或人工埋置等多种方式部署，获取目标温度、光强度、压力、运动方向噪声或速度等属性。传感节点的感知视场是该节点对感兴趣目标的信息获取范围，网络中所有节点现场的集合称为该网络的感知视场。当传感节点检测到的目标信息超过设定阈值，需提交给观测节点时，这一节点被称为有效节点。

汇聚节点可以是计算机或其他设备，也可以是人。在一个无线传感器网络中，汇聚节点可以有一个或多个，也可以应用到多个无线传感器网络中。在网外作为中继和网关完成无线传感器网络与外部网络间信令和数据的转换，是连接传感器网络与其他网络的桥梁，汇聚节点通常处理能力较强，资源相对充分或者可以进行补充。汇聚节点具有双重身份，在网内作为感知信息的接收者和控制者，被授权监听和处理网络的事件消息和数据，也可向传感器网络发布查询请求或派发任务。

二、无线传感器网络拓扑

网络中各个节点相互连接的方法和形式称为网络拓扑，无线传感器网络的网络拓扑结构是组织无线传感器节点的组网技术，具有多种形态和组网方式。按照其组网形态和方式来看，可以划分为集中式、分布式和混合式。集中式结构类似移动通信的蜂窝结构，便于集中管理；分布式结构可自组织网络接入连接，分布管理；混合式结构是集中式结构和分布式结构二者的组合。

从节点功能及结构层次进行划分，无线传感器网络通常可分为平面网络结构、分级网络结构、混合网络结构及 Mesh 网络结构。当网络规模较小时一般采用平面结构，当网络规模较大时，则采用分级结构。

（一）平面网络结构

在无线传感器网络中，平面网络结构是最简单的一种拓扑结构，也称为对等结构，所有节点的地位是平等的，具有完全一致的功能特性，每个节点均遵守一致的 MAC、路由、管理和安全等协议。这种网络拓扑结构简单，每个节点都可以和一定范围内的节点通信，少数节点的失效不会影响整个网络的正常工作，健壮性较强，方便维护。但是，由于没有中心管理节点，因此采用自组织协同算法形成网络，每个节点必须维护庞大的路由记录，而且维护这些路由信息所占用的网络带宽有限，其组网算法比较复杂。

（二）分级网络结构

对无线传感器网络中平面网络结构进行扩展，即可包含分级网络结构，网络可以分为上下两层：上层作为中心骨干节点，具有汇聚功能，下层为一般传感器节点。网络可以存在一个或多个骨干节点，骨干节点或一般传感器节点之间采用的是平面网络结构。骨干节点和一般传感器节点之间采用的是分级网络结构，所有骨干节点构成对等结构，即每个骨干节点包含相同的 MAC 路由、管理和安全等功能协议，而通常传感器节点可能不包括这些功能。

整个网络一般由多个簇组成，每个簇包括簇首和多个簇成员，簇成员包括传感器节点和网络通信节点，簇首相互连接，构成高一级网络。这种网络无须维护复杂的路由信息，拓扑结构扩展性好，簇首可以随时选举产生，具有很强的容错性，集中管理可以降低系统建设成本，提高网络覆盖率和可靠性。这种网络的缺点是集中管理开销大，硬件成本高，一般传感器节点之间可能不能够直接通信。其网络结构如图 4 - 5 所示。

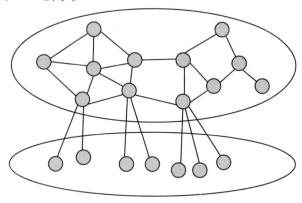

图 4 - 5　分级网络结构

（三）Mesh 网络结构

Mesh 网络结构是一种新型的无线传感器网络结构，与传统无线网络拓扑结构具有一些结构和技术上的不同。从结构来看，Mesh 网络是规则分布的网络，不同于完全连接的网络结构，其通常只允许和节点最近的邻居通信。网络内部的节点一般都是相同的，因此 Mesh 网络也称为对等网。

Mesh 网络在结构模型方面的优势可以构建大规模无线传感器网络，特别是那些分布在同一个地理区域的传感器网络，如人员或车辆安全监控系统。尽管这种拓扑规则结构是理想状态，在实际应用中，节点实际的地理分布与规则的 Mesh 结构形态具有一定的差异。

Mesh 网络结构任意节点之间存在多条路由路径，网络对于单点或单个链路故障具有较强的容错能力和鲁棒性。Mesh 网络结构最大的优点就是虽然所有节点地位对等，而且具有相同的计算和通信传输功能，但某个节点可被指定为簇首节点，而且可执行额外的功能。一旦簇首节点失效，另外一个节点可以立刻补充并接管原簇首节点额外执行的功能。

不同的网络结构对路由和 MAC 的性能影响较大，例如，一个 n×m 的二维 Mesh 网络结构的无线传感器网络拥有 n×m 条连接链路，每个源节点到目的节点都有多条连接路径。对于完全连接的分布式网络的路由表，随着节点数增加而成指数增加。此外，路由设计复杂度是个难题。通过限制允许通信的邻居节点数目和通信路径，可以获得一个具有多项式复杂度的再生流拓扑结构，基于这种结构的流线型协议本质上就是分级的网络结构。

利用分级网络结构技术可使 Mesh 网络路由设计简单得多，由于一些数据处理可以在每个分级的层次里面完成，因而比较适合无线传感器网络的分布式信号处理和决策。

Mesh 网络节点连接到一个双向无线收发器上，传感器上的数据和控制信号通过无线方式在网络上传输，节点可以方便地通过电池供电。Mesh 网络拓扑网内每个节点至少可以和一个其他节点通信，这种方式可以实现比传统的集线式或星型拓扑更好的网络连接性，当节点通电时，可以自动加入网络，当节点离开网络时，其余节点可以自动重新路由它们的消息或信号到网络外部的节点，以确保存在一条更加可靠的通信路径。来自一个节点的数据在到达一个主机网关或控制器之前，可以通过多个其余节点转发。通过 Mesh 方式的网络连接，只需短距离的通信链路，经受的干扰较少，因而可以为网络提供较高的频谱复用效率及吞吐率。

三、传感器节点的构成

无线传感器由传感器模块、处理器模块、无线通信模块和能量供应模块这四部分构成。其中，传感器模块（传感器和模数转换器）负责监测区域内信息的采集和数据转换；处理器模块（CPU、存储器、嵌入式操作系统等）负责控制整个传感器节点的操作、存储和处理本身采集的数据；无线通信模块（网络、MAC、收发器）负责与其他传感器节点进行无线通信；能量供应模块为传感器节点提供运行所需的能量，通常采用微型电池。除了这四个模块外，传感器节点还可以包括其他辅助单元，如移动系统、定位系统和自供电系统等。由于传感器节点采用电池供电，为了提高电源的使用效率，需要尽量采用低功耗器件。

传感器节点是无线传感器网络的基本组成单位，它完成数据的采集和在监测区域内的传输。在不同的应用中，传感器节点设计也各不相同，但是它们的基本结构是一致的，图4-6所示为传感器节点的基本结构，此外，还可能有一些额外的组件（如定位发现系统、能量再生和移动等）。

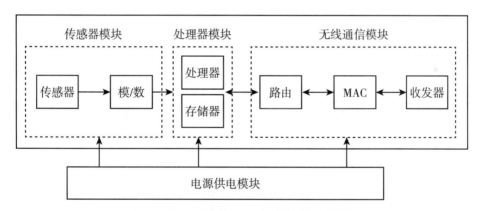

图4-6　无线传感器节点的基本结构

例如，某些传感器节点有可能在海底，也有可能出现在一些受到污染的地方，在这些复杂环境中的应用就需要在传感器节点的设计上采用一些特殊的防护措施。

传感器模块用于感知、获取外界的信息，并通过 A/D 转换器将其转换为数字信号，然后送到处理部件做进一步分析。

处理器模块一般由嵌入式系统组成，包括 CPU、存储器、操作系统等。其负责该传感器节点的内部操作，如运行高层网络协议，协调节点各部分的工作，对传感器模块获取的信息进行必要的处理和保存，控制传感器模块和电源的工作模式等。

电源模块是传感器节点的一个重要组成部分，通常是微型蓄电池，主要为传感器节点提供运行所需的能量。由于节点采用电池供电，一旦电源用尽，节点就无法正常工作。因此，为了延长节点的工作时间，必须尽量节约电源。在硬件设计方面，可选用低功耗器件，并且在没有通信任务时，选择切断部分电源。在软件设计方面，各层通信协议应以节能为中心，必要时可牺牲其他的一些网络性能指标以获得更高的电源效率。随着集成电路工艺的进步，数据采集单元和处理单元的功耗并不是很大，其中绝大部分能量产生于无线通信模块。

无线通信模块完成数据的收发功能，负责与其他传感器节点通信。通信模块一般包括发送、接收、空闲及睡眠 4 种状态。发送状态的功耗最大，接收状态和空闲状态的功耗差别不大，而睡眠状态下的功耗最低。在空闲状态下，节点由于要监听信道是否有数据发送过来，因此需要消耗一定的能量；而在睡眠状态下，节点完全关闭了通信模块，能量消耗很少。因此，在执行监控任务时，为了节约能量，应尽量采用节点调度算法使节点更多地转入睡眠状态。

在一些无线传感器网络节点中，节点内部结构更为复杂，可能还包括其他功能单元，如定位系统、移动系统、能量再生等。定位系统主要用于监测数据附加的地理位置信息的获取，移动系统用于使节点具有改变位置的能力，能量再生可以为传感器节点的电源补充能量。

传感器节点设计的基本原理相似，目前采用的各种节点设计在不同应用中会有所不同，区别主要在于使用的无线通信协议不同，可使用自定义协议、802.11协议、ZigBee 协议、蓝牙协议等，另外，采用的微处理器也不尽相同。其基本原则是采用灵敏度高、功耗低的器件以及高效的信号处理算法和高能量的电源。

无线传感器网络中节点的唤醒方式有以下几种。

（1）全唤醒模式：在该模式下，无线传感器网络中的所有节点将被同时唤醒、探测并跟踪网络中出现的目标。虽然在这种模式下可以获得较高的跟踪精度，但是网络能量的消耗巨大。

（2）随机唤醒模式：在该模式下，设定唤醒概率 p，无线传感器网络中的节点根据概率随机唤醒。

（3）由预测机制选择唤醒模式：在该模式下，无线传感器网络中的节点根据跟踪任务的需要，选择性地唤醒对跟踪精度收益较大的节点，通过当前节点的信息预测目标下一时刻的状态，并唤醒下一节点。利用预测机制选择唤醒模式可以获得较低的能量损耗和较高的信息收益。

（4）任务循环唤醒模式：在该模式下，无线传感器网络中的节点周期性地处于唤醒状态，这种工作模式的节点可以与其他工作模式的节点共存，并协助其他工作模式的节点工作。

第三节　无线传感器网络的 MAC 协议

介质访问控制（medium access control，MAC）是无线传感器网络设计中的关键问题之一。由于无线传感器网络使用无线信道作为传输介质，其频谱资源比较紧张。因此，无线传感器网络必须采用有效的 MAC 协议来协调多个节点对共享信道的访问，避免各节点之间的传输发生冲突，同时保证公平高效地利用有限的信道频谱资源，提高网络的传输性能。

无线传感器网络与传统无线网络相比具有一些不同的特征，如传感器节点能量有限、以数据为中心、应用相关性等。由于传统无线网络中使用的 MAC 协议没有涉及无线传感器网络的特征，也没有考虑传感器节点在能量、处理和存储等方面的限制，因此必须设计适合无线传感网络要求的 MAC 协议。与传统无线网络的 MAC 协议设计相比，无线传感器网络 MAC 协议的设计需要考虑网络的能量效率，以及网络的吞吐量、传输延迟、带宽利用率、可扩展性等性能。

一、无线传感器网络 MAC 协议的特点

在无线传感器网络中，MAC 协议决定着局部范围内无线信道的使用方式，用来建立数据传输所需的基础通信链路，在传感器节点之间分配有限的信道频谱资源。MAC 协议对网络的性能将产生较大的影响，同时也是保证无线传感器网络高效通信的关键网络协议之一。

在无线传感器网络中，传感器节点在能量、存储、处理和通信能力等方面有较大的限制，且单个节点的功能较弱，在许多情况下需要多个节点配合来完成指定的任务。因此，无线传感器网络 MAC 协议的主要特点包括以下几个方面。

（1）能量效率。

无线传感器网络在功耗方面有较高的要求，其节点一般由电池提供能量，但

在大多数情况下电池能量一旦耗尽，将无法补充。因此，MAC 协议在满足应用要求的前提下，应尽量节省节点的能量消耗，以此来延长传感器网络的有效工作时间。

（2）可扩展性。

由于无线传感器网络的规模一般都比较大，同时有的节点可能由于各种原因退出网络，有的节点的位置会移动，新的节点也会随时加入网络，这些改变将导致网络中节点的数目、分布密度等不断发生变化，从而造成网络拓扑结构的动态变化。因此，MAC 协议应具有良好的可扩展性，以适应拓扑结构的动态变化。

（3）传输效率。

无线传感器网络的 MAC 协议除了具备上述特点外，还需要考虑传输效率问题，包括提高传输的实时性、信道的利用率和网络的整体吞吐量等。

（4）公平性。

在无线传感器网络中实现公平性，其目的不仅是为每个节点提供公平的信道访问机会，同时也是为了均衡所有节点的能量消耗，以延长整个网络的生存时间。

二、无线传感器网络 MAC 协议的分类

MAC 协议主要负责协调网络节点对信道的共享。无线传感器网络的 MAC 协议可以按以下几种不同的方式进行分类。

（1）根据协议采用的控制方式可分为分布式执行的协议和集中控制的协议。这类协议与网络的规模直接有关，在大规模网络中通常采用分布式的协议。

（2）根据使用的信道数，即物理层所使用的信道数，MAC 协议可以划分为两类。

① 单信道 MAC 协议。该类协议用于只有一个共享信道的 WSN，如 ALOHA、CSMA 等，所有控制报文和数据报文都在同一信道上收发，容易发生控制报文之间、控制报文与数据报文之间、数据报文之间的冲突。

② 双信道 MAC 协议。该类协议用于包含两个共享信道的网络，一个信道是只传递控制报文的控制信道，而另一个是只传递数据报文的数据信道，这样，控制报文就不会与数据报文发生冲突，并能完全解决隐藏终端和暴露终端的影响，避免数据报文的冲突。

（3）根据接收节点的工作方式，可以分为侦听、唤醒和调度三种，在发送

节点有数据需要传递时，接收节点的不同工作方式将直接影响数据传递的能效性和接入信道的时延等性能。接收节点的持续侦听，在低业务的无线传感器网络中将造成节点能量的严重浪费。为了进一步减少空闲侦听的开销，发送节点可以采用低能耗的辅助唤醒信道发送唤醒信号，以唤醒一跳的邻居节点，如 STEM 协议。在基于调度的 MAC 协议中，接收节点接入信道的时机是确定的，知道何时应该打开其无线通信模块，避免了能量的浪费。

（4）根据信道的分配方式，可以分为固定分配信道方式或随机访问信道方式。固定分配信道方式一般采用时分复用（TDMA）、频分复用（FDMA）或者码分复用（CDMA）等方式，实现节点间无冲突的无线信道的分配；无线信道的随机竞争方式是指节点在需要发送数据时随机竞争使用无线信道，它重点考虑减少节点间的干扰和采用有效的退避算法来降低报文碰撞率。

（5）根据不同的用户应用需求，可分为基于固定分配的 MAC 协议、基于竞争的 MAC 协议及基于按需分配的 MAC 协议三类。

① 基于固定分配的 MAC 协议是指节点按照协议规定的标准来执行发送数据的时刻和持续时间，这样可以避免冲突，不需要担心数据在信道中发生碰撞所造成的丢包问题。目前比较成熟的机制是时分复用（TDMA）。

② 基于竞争的 MAC 协议是指节点在需要发送数据时采用某种竞争机制使用无线信道。这就要求在设计的时候必须要考虑如果发送的数据发生冲突，将采用何种冲突避免策略来重发，直到所有重要的数据都能成功发送出去。

③ 基于按需分配的 MAC 协议是指根据节点在网络中所承担数据量的大小来决定其占用信道的时间。

第四节　无线传感器网络路由协议

路由协议在无线传感器网络中发挥着重要的作用。由于无线传感器网络通常采用多跳路径传输数据，且具有节点能量受限，以数据为中心，多对一传输，高数据冗余和应用相关等特征，传统无线网络的路由协议不适用于无线传感器网络，必须设计适合无线传感器网络的高效路由协议，才能延长网络生存时间，进一步降低网络的能量消耗，提高网络传输性能。

无线传感器网络是由大量传感器节点组成的一种分布式无线自组织网络。为了完成所分配的任务，传感器节点需要将采集或监测到的数据传送给网络的汇聚节点做进一步处理，以供终端用户使用。由于传感器节点通信能力不足，无线传感器网络通常采用多跳的方式完成数据传输，网络中的大多数传感器节点需要利用中间节点进行转发，而不可以直接向汇聚节点传输数据。因此，在无线传感器网络设计中，如何在传感器节点和网络汇聚节点之间建立高效的传输路径成为一个关键问题，路由对无线传感器网络的能量效率和传输性能都将产生较大的影响。

在传统无线网络的广泛使用中，路由协议的设计目标是充分利用网络带宽资源，有效提高吞吐量，降低传输延迟等网络传输性能和服务质量。不同于传统无线网络，无线传感器网络路由协议设计的首要目标是提高网络的能量效率，延长网络的生存时间，其次才考虑网络的传输性能和服务质量，这将对无线传感器网络的路由设计提出新的挑战。

一、无线传感器网络路由协议的特点

无线传感器网络的路由协议设计具有以下特点。

（一）多对一传输

在传统无线网络中，任意用户或节点之间都可能有通信需求，因此路由协议通常需要在任意节点之间建立数据传输通道。无线传感器网络是面向信息感知的网络，需要将传感器节点采集或监测到的数据传送给汇聚节点做进一步处理，数据传输具有多对一模式的特点。在大多数情况下，路由协议只需在多个传感器节点和汇聚节点之间建立传输通道，而汇聚节点向传感器节点传输数据一般采用泛洪的方式来完成。

（二）节能优先

传统路由协议的设计很少考虑节点的能量消耗问题。但由于无线传感器网络中节点的能量有限，因而在选择数据传输路径时必须优先考虑节点的能量消耗及网络的能量均衡问题，以延长整个网络的生存时间。

（三）以数据为中心

在传统无线网络中，路由协议确定数据的传输路径通常是以地址作为节点的标识并以此标识为依据。无线传感器网络是一个以数据为中心的网络。用户通常只关心指定区域内所观测对象的数据，而不关心某个具体节点所观测到的数据。

用户在查询数据或事件时，通常不是传送给网络中某个具体的传感器节点，而是直接将所关心的数据或事件通告给传感器网络。

网络在获取指定数据或事件的信息后汇报给用户。这种寻址过程的特征是以数据为中心，在无线传感器网络路由协议设计中需要加以考虑。

（四）应用相关

与传统无线网络不同，无线传感器网络通常是针对某种具体的应用而设计部署的，不同的应用对传感器网络的要求具有差异性。因此，在无线传感器网络设计时需要针对各种具体的应用需求，设计与之适应的路由协议。

二、无线传感器网络路由协议的分类

无线传感器网络路由协议的主要目的是在传感器节点和汇聚节点之间寻找和建立高效的数据传输路径，以提高网络的能量效率，延长网络的生存时间，并在此基础上提高网络的传输性能和服务质量。针对不同传感器网络应用的要求，目前已经制定了许多无线传感器网络路由协议，这些路由协议可以划分为以下几类。

（一）平面路由协议

平面路由协议用于平面结构的网络。在平面路由中，所有节点地位平等，网络中每个节点在路由功能上的地位也是相同的。平面路由协议的优点是网络中不需要设置特殊功能的节点，方便实现；缺点是可扩展性不足。这在一定程度上限制了网络的规模，不适用于大规模的网络结构。

（二）分层路由协议

分层结构的网络中使用的协议为分层路由协议。在分层路由中，节点被分成多个簇，每个簇包含簇头和若干个簇成员。簇成员节点只需将数据传送给簇头，簇头负责收集和处理簇内所有成员节点所采集的数据，并将收集和处理后的数据经过其他簇头传送给汇聚节点。分层路由协议通过簇头节点完成数据融合可以有效减少网络中传输的数据量，降低节点的能量消耗，从而延长网络的生存时间。其缺点是实现较为复杂，并可能会以牺牲一定的路由效率作为代价。

（三）基于多路径的路由协议

按照可选传输路径的数量，路由协议可以分为基于单路径的路由协议和基于多路径的路由协议两种。在单路径路由中，传送到同一目的节点的数据总是采用同一条传输路径，因此可能导致网络负载和能耗的不均衡，影响网络的传输性能和生存时间。在基于多路径的路由中，传送到同一目的节点的数据可以按照某种规则（如平均分配、随机分配、按比例分配等）选择多条不同的路径。多路径路由可以有效地均衡网络中的流量分布、能量消耗和带宽资源，进而提高网络性能，延长网络的工作寿命。另外，对于丢失率高的无线网络，路由协议还可以同时利用多条路径进行冗余传输，以提高数据传送的成功率。

（四）基于位置的路由协议

基于位置的路由协议根据传感器节点自身位置、相邻节点位置、目的节点位置等信息进行逐跳分组转发，直到数据分组到达目的节点。节点的位置信息可以采用 GPS 或某种基于网络的定位技术来获取，网络中汇聚节点的位置信息获取可以通过汇聚节点向全网广播来实现。由于基于位置的数据转发可以采用逐跳方式进行，因此这种协议具有良好的可扩展性。

（五）基于移动性的路由协议

在静止传感器网络中，所有传感器节点和汇聚节点都是静止不动的，汇聚节点周围区域容易产生严重的热点效应，从而影响网络的传输性能，甚至网络的正常工作。采用移动汇聚节点能够有效地均衡网络的负载和能耗，提高网络的传输性能，延长网络的工作寿命。基于移动性的路由协议主要用于在传感器节点和移动汇聚节点间建立高效传输路径，以满足移动传感器网络应用的路由要求，同时降低路径发现与维护开销的成本。

（六）基于能量的路由协议

基于能量的路由协议，也称能量感知路由协议，在确定数据的传输路径时考虑的主要因素是节点剩余能量和链路传输功率，以获得最优能量效率的传输路径。这种路由协议可以采用不同的能量感知策略，如最大剩余节点能量路由、最小功率路由等。

（七）基于机会的路由协议

基于机会的路由，简称机会路由或机会转发，在确定传输路径和转发数据的过程中，充分利用无线介质的广播特性（即单次发送，可能被多个相邻节点收到）所提供的各种转发机会来提高丢失率高的无线传感器网络的路由性能，包括降低端到端传输延迟、提高单跳传输的可靠性、提高网络吞吐量等改进措施。

（八）以数据为中心的路由协议

以地址为中心的路由协议是传统通信网络路由主要采用的协议，而无线传感器网络的路由则采用以数据为中心的路由协议。在以数据为中心的路由协议中，汇聚节点向指定区域发送查询消息，并接收和处理传感器节点在指定区域内发送来的数据，感知到特定物理现象的传感器节点将感知到的数据向汇聚节点传输。由于许多邻近节点感知到的数据冗余较高，传输路径上的中间节点需要根据情况对来自多个传感器节点的数据进行数据融合处理，再将融合后的数据发送给汇聚节点。这样，通过数据融合可以有效地减少节点传送的数据量，以达到节能的目的。

课后练习

1. 介绍一下无线传感器网络的体系结构。
2. 无线传感器网络 MAC 协议的特点有哪些？
3. 无线传感器网络路由协议的特点有哪些？

第五章

物联网仿真设计

第一节　ADS 物联网仿真

一、ADS 物联网仿真概述

物联网（internet of things，IoT）系统的仿真是一项关键任务，因为它有助于验证设计、优化性能并确保设备在各种应用场景下的可靠性。高频电路设计系统（advanced design system，ADS）是一款广泛应用于射频、微波和高速数字电路设计的软件，用于物联网仿真可帮助设计人员更高效地进行系统建模和验证。

ADS 物联网仿真的核心优势在于其对系统各个环节的综合分析能力，包括设备、通信协议、网络连接、数据处理与分析、云端服务等。这使得设计人员能够充分了解系统行为，并在整个设计流程中迅速识别和解决问题。

在设备选择与设计阶段，ADS 可帮助用户选择合适的传感器、执行器和微控制器，模拟设备性能并优化电路设计。此外，ADS 还提供了丰富的库和模型，方便用户快速构建和验证电路。

通信协议和连接是物联网系统的关键部分。ADS 提供了对多种通信协议（如Wi-Fi、蓝牙、ZigBee、LoRa 等）的支持，帮助用户评估不同协议的性能，并为设备间的通信设计提供有力支持。

ADS 物联网仿真还关注网关的设计与实现。网关作为设备与云端之间的桥梁，负责数据转发和处理。ADS 可模拟网关的性能和可靠性，从而为整个系统提供稳定的运行保障。在数据处理与分析方面，ADS 可以实现对收集到的数据进行预处理、清洗和分析，借助机器学习和人工智能技术，ADS 物联网仿真有助于设计人员从数据中挖掘有价值的信息，以优化系统性能。

云端服务是物联网系统的关键组成部分，它们负责存储、管理和分析设备数据。ADS 可以模拟云端服务器的性能，帮助设计人员选择合适的云计算平台，优化资源分配和管理。应用程序接口（API）在物联网系统中发挥着沟通各组件作用的重要角色。ADS 物联网仿真支持各种 API 架构，使得系统各部分之间的数据交换和集成更为顺畅。

在整个仿真过程中，ADS 提供了强大的可视化和调试工具，使得设计人员可以直观地了解系统性能，快速发现并解决问题。通过 ADS 物联网仿真，设计人员可以更有信心地实现。

二、ADS 通信系统仿真

ADS 是一款广泛应用于射频（RF）、微波和高速数字电路设计的软件。在通信系统设计中，ADS 可以用于模拟和分析各种无线和有线通信技术，包括但不限于蜂窝网络（如 4G，5G）、Wi-Fi、蓝牙、ZigBee、LoRa 等。使用 ADS 进行通信系统仿真可以帮助工程师优化设计，提高系统性能和可靠性。

以下是 ADS 在通信系统仿真中的主要应用。

（1）设备建模与分析：ADS 提供了一系列预定义的元件库和模型，允许用户快速构建和分析各种射频、微波和高速数字电路。ADS 还可以进行设备的热噪声、非线性失真、相位噪声等性能分析，从而确保设计满足通信系统的要求。

（2）信号链分析：通信系统通常包括发射器、接收器和信道等多个信号链环节。ADS 可以帮助工程师设计和优化各个环节，例如，混频器、放大器、滤波器、调制器和解调器等。此外，ADS 可以对信号链进行系统级仿真，评估整个通信系统的性能。

（3）信道建模与仿真：ADS 可以模拟各种有线和无线通信信道，包括多径、衰落、遮挡和干扰等效应。这有助于工程师了解信道对通信系统性能的影响，并设计出更加鲁棒的系统。

（4）调制与编码：ADS 支持多种调制和编码技术，如 QPSK、QAM、OFDM、LDPC 等。工程师可以使用 ADS 评估不同调制和编码方案在特定通信环境下的性能，以选择最佳方案。

（5）多天线技术和波束赋形：ADS 可以模拟多天线技术（如 MIMO）和波束赋形算法，帮助工程师优化天线配置和波束赋形策略，从而提高通信系统的容量和覆盖范围。

（6）系统级性能指标评估：ADS 可以计算多种通信系统性能指标，如误码率（BER）、信噪比（SNR）、接收信号强度指示（RSSI）等。这有助于工程师全面了解通信系统的性能，并在设计过程中作出合适的权衡。

（7）优化与验证：ADS 提供了强大的优化和验证工具，使工程师能够在设计过程中快速识别和解决问题。

三、ADS 基础实验

（一）匹配电路

在 ADS 中进行基础实验。例如，设计一个匹配电路，可以按照以下步骤操作。

打开 ADS 软件并创建新工程：

打开 ADS，选择"File">"New Workspace"，输入工作空间名称，选择保存路径后单击"Create"。

在新建的工作空间中，右键单击"Cell"，选择"New Cell"，输入电路单元名称，选择"Schematic"类型并单击"Create"。

绘制电路：

在打开的电路图界面，从元件库中添加所需的元件，如电阻、电容、电感等。可以在元件库窗口搜索元件或通过"Insert">"Component">"Component Library"打开元件库。

将元件拖动到电路图上，通过单击并拖动元件的端点进行连接。

设计匹配电路：

根据匹配需求和已知条件，选择合适的匹配电路类型，如 L 型、π 型或 T 型匹配网络等。

在电路图上绘制所选匹配网络结构，并输入元件的初步参数值。

进行仿真设置：

在电路图界面，添加仿真控制器。例如，对于 S 参数仿真，可以添加"S_Param"控制器。可以通过"Insert">"Component">"Simulation – S_Param"添加控制器。

双击仿真控制器设置仿真参数，如频率范围、步长等。

在电路图上添加端口，通过"Insert">"Component">"Port"添加端口 1 和端口 2。

运行仿真：

单击工具栏上的"Simulate"按钮或通过"Simulate">"Simulate"运行仿真。

分析结果：

在仿真完成后，可以添加数据显示视图查看结果。选择"Window">"New

Data Display"，在新建的数据显示视图中添加图表，如 Smith 图、矩形图等。

从仿真结果中选择需要查看的数据，如 S11、S21 等，并将其添加到图表中。

优化匹配电路：

根据仿真结果，对匹配网络元件的参数进行调整，以达到最佳匹配效果。

可以使用 ADS 的优化工具自动优化匹配网络参数。通过"Insert" > "Compo-nent" > "Optimization"添加优化器，并设置目标函数、优化变量和约束条件。

重复仿真与分析：

在优化匹配电路参数后，重新运行仿真并分析结果。如有需要，可以进一步调整匹配网络参数。

（二）衰减器

衰减器（attenuator）是一种用于减小信号幅度的无源器件，广泛应用于射频和微波通信系统中。在实际应用中，衰减器可以用于控制信号水平、防止信号过载、改善系统性能等。衰减器的基本原理是通过电阻网络将输入信号的部分功率转换为热能，从而实现对信号功率的减小。

衰减器的主要参数包括插入损耗（insertion loss）、反射损耗（return loss）和阻抗匹配（impedance matching）。插入损耗表示衰减器引入的信号减小程度，通常用分贝（dB）表示。反射损耗表示衰减器对输入和输出端的阻抗匹配程度，阻抗匹配越好，反射损耗越小，信号传输效果越好。

衰减器的种类繁多，主要有以下几种。

（1）固定衰减器：固定衰减器具有固定的衰减值，无法在使用过程中调整。它们通常用于信号链中对信号水平进行恒定调整，简单、经济且可靠。

（2）可变衰减器：可变衰减器可以在一定范围内调整衰减值。它们通常用于动态调整信号水平，以适应不同的工作条件和环境。可变衰减器可以分为连续可调和分段可调两种。连续可调衰减器可以无级调整衰减值，而分段可调衰减器可以在一系列离散的衰减值之间切换。

（3）电调衰减器：电调衰减器是一种可变衰减器，通过改变电压或电流来调整衰减值。电调衰减器通常采用 PIN 二极管、场效应晶体管（FET）或微电机等作为控制元件。它们具有快速响应、高精度和可编程控制等优点。

（4）光纤衰减器：光纤衰减器主要用于光通信系统，通过增加光纤中的损耗来降低光信号强度。光纤衰减器可以是固定型或可调型，其原理包括微弯损耗、光纤连接损耗和光吸收等。

在 ADS 中设计衰减器主要涉及以下步骤。

（1）根据需求选择合适的衰减器类型：根据实际应用场景、信号频率范围、衰减需求和阻抗匹配要求，确定使用固定衰减器、可变衰减器、电调衰减器还是光纤衰减器。

（2）设计衰减器电路：对于固定衰减器和可变衰减器，可以采用不同的电阻网络拓扑，如 T 型、π 型、L 型和桥式等。根据所选拓扑，计算所需电阻值以实现指定的衰减和阻抗匹配。

（3）在 ADS 中绘制电路图：新建一个电路图单元，并从元件库中添加所需的元件，如电阻、电容、电感等。将元件拖动到电路图上，并连接元件端点以构建衰减器电路。

（4）设置仿真参数：在电路图界面，添加仿真控制器，如 S 参数仿真控制器。设置仿真参数，如频率范围、步长等。在电路图上添加端口，以便进行仿真。

（5）运行仿真并分析结果：单击工具栏上的"Simulate"按钮或通过"Simulate"＞"Simulate"运行仿真。在仿真完成后，添加数据显示视图查看结果，如 S 参数、插入损耗、反射损耗等。

（6）优化设计：根据仿真结果，对衰减器电路进行优化和调整。例如，调整电阻值以改善阻抗匹配，或选择不同的拓扑以减小插入损耗。

（7）验证和测试：在实际硬件上测试衰减器的性能，验证仿真结果的准确性。如有需要，可根据测试结果对设计进行进一步优化。

在 ADS 中设计衰减器的过程中，需要注意以下两点。

（1）选择合适的电阻器件：射频和微波衰减器需要使用高频性能良好的电阻器件，如微带线、薄膜电阻或贴片电阻。低频衰减器可以使用普通的电阻器件。

（2）考虑温度稳定性：由于衰减器工作过程中会产生热量，因此需要考虑电阻元件的温度稳定性和热散发问题。在设计过程中，可以选择具有较低温度系数的电阻器件，以减小温度对衰减特性的影响。

在阻抗匹配过程中，需要注意以下几点。

（1）阻抗匹配是衰减器设计中的关键因素。良好的阻抗匹配可以减小信号反射和损耗，提高信号传输效率。在设计过程中，需要确保输入和输出端与系统阻抗匹配，通常为 50 欧姆或 75 欧姆。可以采用 Smith 图、阻抗变换等方法进行阻抗匹配分析和设计。

（2）考虑频率响应：衰减器的频率响应是指在不同频率下的衰减特性。理想的衰减器应具有平坦的频率响应，即在整个工作频段内保持恒定的衰减值。实际上，衰减器的频率响应受到电阻网络拓扑、元件参数和器件尺寸等因素的影响。在设计过程中，可以通过优化电路参数和结构，以改善频率响应特性。

（3）考虑器件容差和制造过程：实际电子元件存在一定的参数容差，而制造过程也可能导致器件性能与设计不完全一致。因此，在设计衰减器时，应考虑元件容差和制造过程对性能的影响。可以采用蒙特卡罗仿真、敏感性分析等方法评估容差对衰减器性能的影响，并在必要时进行优化设计。

（4）进行可靠性分析：衰减器在实际应用中可能受到环境因素（如温度、湿度、振动等）的影响，因此需要进行可靠性分析以确保其在不同条件下的稳定性和可靠性。可以采用加速寿命试验、失效模式和影响分析（FMEA）等方法对衰减器的可靠性进行评估。

通过以上步骤和注意事项，在 ADS 中设计和优化衰减器可以更为高效。在实际操作过程中，具体操作可能因不同类型的衰减器和设计要求而有所不同。不过，掌握基本原理和设计方法，对于实现高性能衰减器的设计至关重要。

（三）移相器

移相器（phase shifter）是一种用于改变信号相位的无源或有源器件，广泛应用于射频和微波通信系统、相控阵天线和测量仪器等领域。移相器可以根据工作原理、相位调节方式和实现技术等方面进行分类。

根据工作原理，移相器可以分为以下三种类型。

（1）传输线移相器：传输线移相器通过改变信号在传输线上的传播距离来实现相位调节。典型的传输线移相器包括微带线、带状线和波导等。传输线移相器具有结构简单、无源、低损耗等优点，但受限于物理尺寸，难以实现紧凑型设计。

（2）反射型移相器：反射型移相器利用可调反射元件（如 PIN 二极管、可调电容器等）改变信号的反射相位，从而实现相位调节。反射型移相器具有较小的尺寸和较高的相位调节精度，但可能存在较高的插入损耗。

（3）全通滤波器移相器：全通滤波器移相器采用无源 RC 或 LC 网络，通过改变网络中的电容或电感值来实现相位调节。全通滤波器移相器具有较低的插入损耗和较宽的工作频带，但相位调节范围和精度受限于网络参数。

根据相位调节方式，移相器可以分为以下两种。

（1）固定移相器：固定移相器具有固定的相位差值，无法在使用过程中调整。它们通常用于信号链中对信号相位进行恒定调整，简单、经济且可靠。

（2）可变移相器：可变移相器可以在一定范围内调整相位差值。它们通常用于动态调整信号相位，以适应不同的工作条件和环境。可变移相器可以分为连续可调和分段可调两种。连续可调移相器可以无级调整相位差值，而分段可调移相器可以在一系列离散的相位值之间切换。

根据实现技术，移相器可以分为以下两种。

（1）无源移相器：无源移相器使用无源元件（如电阻、电容和电感等）构成，具有低损耗、高可靠性和较宽的工作频带等优点。无源移相器的典型实现技术包括传输线移相器、反射型移相器和全通滤波器移相器等。

（2）有源移相器：有源移相器使用有源元件（如晶体管、放大器等）进行相位调节，通常具有较高的调节速度、较低的驱动电压和较小的尺寸等优点。有源移相器的典型实现技术包括电调移相器和光纤移相器等。

在设计和实现移相器时，需要考虑以下几个方面。

（1）工作频率范围：移相器需要在指定的频率范围内提供稳定的相位调节性能。设计时，需要选择合适的元件和结构，以满足工作频率要求。

（2）相位调节范围和精度：移相器需要提供足够的相位调节范围（如 0～360 度）和较高的调节精度。设计时，可以通过优化网络参数和控制元件实现所需的相位调节性能。

（3）插入损耗和反射损耗：移相器的插入损耗和反射损耗影响信号传输效率和系统性能。设计时，需要考虑阻抗匹配和元件选择等因素，以降低损耗。

（4）尺寸和重量：尤其在便携式和航空航天应用中，移相器的尺寸和重量非常关键。设计时，可以采用集成电路、微型化技术和轻质材料等方法减小尺寸和重量。

（5）环境适应性和可靠性：移相器在实际应用中可能受到温度、湿度、振动等环境因素的影响，因此需要进行可靠性分析和环境适应性设计。

通过以上步骤和注意事项，在设计和实现移相器时可以更为高效。在实际操作过程中，具体操作可能因不同类型的移相器和设计要求而有所不同。不过，掌握基本原理和设计方法，对于实现高性能移相器的设计至关重要。

（四）锁相环

锁相环（phase-locked loop，PLL）是一种电子闭环控制系统，用于生成与输入信号同步的输出信号。PLL 在通信、调制解调、时钟恢复和频率合成等领域具有广泛应用。在 ADS 软件中，可以进行锁相环的设计和仿真。以下是设计和仿真 PLL 的基本步骤。

（1）理解锁相环基本原理：PLL 通常由相位检测器（PD）、低通滤波器（LPF）和压控振荡器（VCO）三个部分组成。相位检测器用于比较输入信号和 VCO 输出信号的相位差，产生一个与相位差成比例的电压信号。低通滤波器用于滤除高频噪声，产生一个平滑的控制电压。压控振荡器根据控制电压调整其输出频率，使其与输入信号同步。

（2）确定设计参数：在设计 PLL 之前，需要确定设计参数，如锁定范围、捕获范围、输出频率、相位噪声和环路带宽等。这些参数将影响 PLL 的性能和应用范围。

（3）在 ADS 中建立锁相环模型：在 ADS 软件中新建一个电路图单元，从元件库中添加相位检测器、低通滤波器和压控振荡器等元件。将元件拖动到电路图上，并连接元件端点以构建 PLL 模型。

（4）设置仿真参数：在电路图界面，添加仿真控制器，如频率分析或时间域分析控制器。设置仿真参数，如频率范围、步长、时间范围等。在电路图上添加端口，以便进行仿真。

（5）运行仿真并分析结果：点击工具栏上的"Simulate"按钮或通过"Simulate"＞"Simulate"菜单运行仿真。在仿真完成后，添加数据显示视图查看结果，如锁定时间、频率偏移、相位噪声等。

（6）优化设计：根据仿真结果，对 PLL 模型进行优化和调整。例如，调整低通滤波器的截止频率以改善环路稳定性，或调整 VCO 的增益以提高锁定范围。

（7）验证和测试：在实际硬件上测试 PLL 的性能，验证仿真结果的准确性。如有需要，可根据测试结果对设计进行进一步优化。

在使用 ADS 设计和仿真 PLL 过程中，需要注意以下几点。

（1）选择合适的元件模型：在 ADS 中，有多种相位检测器、低通滤波器和压控振荡器模型可供选择。根据设计要求和性能指标，选择合适的元件模型。

（2）阻抗匹配：确保 PLL 电路中各元件之间的阻抗匹配，以减小信号损耗和反射。这对于高频应用尤为重要。

（3）稳定性分析：在设计 PLL 时，需要确保环路的稳定性。可以使用阶跃响应、奈奎斯特图和伯德图等方法分析 PLL 的稳定性。

（4）相位噪声分析：相位噪声是 PLL 性能的关键指标，需要在设计和仿真过程中予以充分考虑。可以通过添加相位噪声分析控制器和噪声源，对 PLL 的相位噪声性能进行评估。

（5）敏感性分析：考虑到实际元件存在参数容差，可以在 ADS 中进行敏感性分析，评估元件参数变化对 PLL 性能的影响。在必要时，进行优化设计以提高鲁棒性。

通过以上步骤和注意事项，可以在 ADS 中设计和仿真高性能的锁相环。实际操作过程中，具体操作可能因不同类型的 PLL 和设计要求而有所不同。但掌握基本原理和设计方法对于实现高性能 PLL 设计至关重要。

（五）滤波器

在 ADS 中，可以设计和仿真各种类型的滤波器。滤波器是一种信号处理电路，用于对信号进行频率选择，允许特定频率范围的信号通过并阻止其他频率。滤波器在通信、雷达、无线电和音频等领域具有广泛应用。

以下是在 ADS 中设计和仿真滤波器的基本步骤。

（1）选择滤波器类型：根据应用需求和性能要求，选择合适的滤波器类型，如低通滤波器、高通滤波器、带通滤波器或带阻滤波器。

（2）设计滤波器拓扑结构：根据滤波器类型和性能指标，设计合适的滤波器拓扑结构。常见的滤波器结构包括 LC 滤波器、RC 滤波器、微带线滤波器、带状线滤波器和波导滤波器等。

（3）在 ADS 中建立滤波器模型：在 ADS 软件中新建一个电路图单元，从元件库中添加滤波器所需的元件（如电阻、电容、电感、传输线等）。将元件拖动到电路图上，并连接元件端点以构建滤波器模型。

（4）设置仿真参数：在电路图界面，添加仿真控制器，如频率分析或时间域分析控制器。设置仿真参数，如频率范围、步长、时间范围等。在电路图上添加端口，以便进行仿真。

（5）运行仿真并分析结果：点击工具栏上的"Simulate"按钮或通过"Simulate"＞"Simulate"菜单运行仿真。在仿真完成后，添加数据显示视图查看结果，如频率响应、相位响应、群延迟等。

（6）优化设计：根据仿真结果，对滤波器模型进行优化和调整。例如，调整元件值以改善通带平坦度，或调整传输线长度以提高阻带衰减。

（7）验证和测试：在实际硬件上测试滤波器的性能，验证仿真结果的准确性。如有需要，可根据测试结果对设计进行进一步优化。

在使用 ADS 设计和仿真滤波器过程中，需要注意以下几点。

（1）选择合适的滤波器结构和元件：不同类型的滤波器结构和元件具有不同的性能特点。选择合适的结构和元件可以满足特定的性能要求，如通带平坦度、阻带衰减、相位特性等。

（2）阻抗匹配：确保滤波器输入和输出端口与系统阻抗匹配，以减小信号损耗和反射。这对于高频应用尤为重要。

（3）插入损耗：插入损耗是滤波器的一个重要性能指标。在设计过程中，需要尽量降低插入损耗，以提高信号传输效率。

（4）环境适应性和可靠性：滤波器在实际应用中可能受到温度、湿度、振动等环境因素的影响。在设计过程中，需要考虑这些因素，并进行相应的可靠性分析和环境适应性设计。

（5）敏感性分析：考虑实际元件存在参数容差，可以在 ADS 中进行敏感性分析，评估元件参数变化对滤波器性能的影响，在必要时进行优化设计以提高鲁棒性。

通过以上步骤和注意事项，在 ADS 中设计和仿真滤波器可以更为高效。在实际操作过程中，具体操作可能因不同类型的滤波器和设计要求而有所不同。但掌握基本原理和设计方法对于实现高性能滤波器设计至关重要。

第二节　OPNET 物联网仿真

一、OPNET 概述

（一）网络仿真简介

随着信息时代的发展，现有网络的规模变得越来越大，结构也越来越复杂。无论是升级现有网络，还是重新搭建新网络，抑或测试新的协议，都需要预先对网络整体的性能进行有效而客观的分析与评价。开发者在规划和设计网络时，不仅要思考开发新的网络协议，还要考虑网络算法的实现；网络专家在搭建网络时，也要考虑如何充分采用现有的资源以使网络达到最高的性能。传统网络设计和规划主要靠经验和一些科学方法，如分析方法、实验方法等。分析方法用于对所研究的对象和所依存的网络系统进行初步的分析，根据一定的限定条件和合理假设，对研究对象和系统进行描述，抽象出研究所需要的合理硬件和软件配置环境，建立实验台和实验室，在现实的网络上实现对网络协议、网络行为和网络性能的研究。当网络规模越来越大时，单靠经验和数学分析进行网络设计将变得十分困难，准确性也很难保证，而实验方法则由于成本过高和易受环境因素影响的原因而很少采用。因此，越来越需要一种新的网络规划和设计手段进行网络设计。网络仿真作为一种客观可靠的网络规划和设计技术应运而生。网络仿真方法由于能够同时验证比较多个不同的设计方案模型，并获取定量的网络性能预测数据，为方案的验证和比较提供可靠依据，因而成为网络规划设计研究中越来越流行的方法。

（二）OPNET 简介

作为网络仿真软件的佼佼者，OPNET 最早是在 1986 年由麻省理工学院的两位博士创建的，而后作为高科技网络规划、仿真及分析工具，在通信、国防及计算机网络领域得到了广泛的认可和采用。OPNET 发展到今天，已进入包括军事、教育、银行、网络运营商在内的许多领域，企业界如 Cisco、运营商如 AT&T 都在采用 OPNET 做各种各样的模拟和调试。在 1998 年 OPNET 进入中国后，其研究和应用已取得了非常迅速的发展，目前使用者包括北京大学、北京邮电大学、信息产业部电信传输研究所、信息产业部电信规划研究院等许多高校和研究院所。甚至，华为技术有限公司、中兴通讯股份有限公司和大唐移动通信设备有限公司等也均使用 OPNET 作为仿真软件来优化网络性能，以最大限度地提高通信网络的可用性。

OPNET 主要针对三类客户（网络服务提供商、网络设备制造商和一般企业、政府部门）设计了四个核心系列产品：OPNET Modeler、IT Guru、ServiceProvide Guru、WDM Guru。其中，OPNET Modeler 是 OPNET 全线产品的核心基础，目的是为技术人员提供一个网络开发平台，以帮助他们设计和分析网络性能及通信协议；IT Guru 的目的是帮助网络专家预测和分析网络的性能并诊断问题、提出解决方案；ServiceProvide Guru 是面向网络服务提供商的智能化网络管理软件；而 WDM Guru 则主要用于波分复用光纤网络的分析、评测。在 OPNET 各种产品中，OPNET Modeler 几乎包含其他产品的所有功能，是当前业界领先的网络技术开发环境。它采用一种面向对象的建模方法和图形化的编辑器，能够有效反映实际网络和网络组件的各种结构，实际系统也可以很直观地映射到模型中。

OPNET Modeler 主要有以下优点。

（1）采用阶层性的模拟方式（hierarchical network modeling）：从协议间关系来看，OPNET Modeler 的层次模型（业务层→TCP 层→IP 层→IP 封装层→ARP 层→MAC 层→物理层）符合 OSI 标准的模型分层的概念；从网络层次关系来看，OPNET Modeler 采用三层建模机制，最底层为进程（process）模型，以状态机来描述协议；中间层为节点（node）模型，由相应的协议模型构成，反映设备特性；最上层为网络模型。三层模型和实际的网络、设备、协议层次完全对应，全面反映了网络的相关特性。

（2）简单明了的建模方法：OPNET 采用的是面向对象的建模方法和图形化的编辑器，每一类节点开始都采用相同的节点模型，再针对不同的对象设置特定的参数，操作相对其他仿真软件更简单明了。例如，配置多个 WLAN 工作站，它们采用相同的节点模块；界面上，可以设置不同的 IP 地址和 WLAN 参数。

（3）有限状态机：OPNET Modeler 采用基于事件出发的有限状态机（finite state machine，FSM）来对协议和其他过程进行建模。采用离散事件驱动（discrete eventdriven）的模拟机理，与时间驱动相比，计算效率得到了很大提高。

（4）全面支持各种协议编程，满足各种领域的需求：OPNET Modeler 自身提供了 400 多个核心函数，能应用到各种领域，包括端到端结构（end to end network architecture design）、系统级的仿真（system level simulation for network devices）、新的协议开发和优化（protocol development and optimization）、网络和业务层配合如何达到最好的性能（network application optimization and deployment analysis）。

（5）其他优点：OPNET Modeler 具有无线、点对点及点对多点链路，具有图形化和动态仿真，以及丰富的集成分析工具。此外 OPNET Modeler 还采用混合的建模机制，把基于包的分析方法和基于统计的数学建模方法结合起来，从而得到非常详细的模拟结果，也使仿真效率得到了极大的提高。

（三）OPNET 网络环境

在使用 OPNET 开始仿真之前，必须先了解 OPNET 网络环境。

（1）工程（project）与场景（scenario）：在 OPNET 网络环境中，工程与场景是两个非常重要的概念。在任何时候打开 OPNET，最高层次永远为一个工程，每个工程下面至少包含一个仿真场景，代表网络模型。每个场景代表一个网络模块，都是具体的，当进行建模时，即使只有单独一个网络模块，也需要创建一个包含该场景的工程。也就是说，一个工程就是一组仿真环境，而一个场景就是其中的一个具体的网络仿真环境配置方案，是网络的一个实例、一种配置，如拓扑结构、协议、应用流量以及仿真属性等设置。

打开 OPNET Modeler 后，单击"File→New"选项（或者直接使用快捷键 Ctrl + N）来新建一个工程，然后选择"Project"，单击"OK"按钮，输入工程名和场景名后单击"K"按钮。

可以选择手动建立网络，也可以从特殊格式文件导入网络。此处选择创建一个空的场景。单击"Nex"按钮，出现相应的界面。

可以根据网络的规模选择全球网、企业网或者校园网，这就是该工程下面的一个场景。

（2）子网（subnet）与节点（node）：不同于 TCP/IP 子网，OPNET 的子网是将网络中的一些元素抽象到一个对象中去的。子网可以是固定子网、移动子网或者卫星子网等，它不具备任何行为，只是为了表示大型网络而提出的一个逻辑实体。例如，在运营商的骨干网中按照省份划分，把每个省份的路由器都放在一起，就组成了一个个子网。节点通常被看作设备或资源，由支持相应处理能力的硬件和软件共同组成。数据在其中生成、传输、接收并被处理。Modeler 包含三种类型的节点：第一种为固定节点，如路由器、交换机、工作站、服务器等都是固定节点；第二种为移动节点，如移动台、车载通信系统等都是移动节点；第三种为卫星节点，代表卫星。每种节点所支持的属性都不尽相同。

（3）链路（link）、模块（module）与仿真（simulation）：链路分为只在两个固定节点之间传输数据的点对点链路、用于多个节点之间共享传输数据的总线链路和可以在任何无线的收发信机之间动态建立的无线链路等三种。卫星和移动节点必须通过无线链路来进行通信，而固定节点也可以通过无线链路建立通信连接。在对复杂协议进行仿真时，通常需要把该协议分解成一系列的协议行为，对这些行为单独建模并通过有限状态机把它们联系起来，形成一个系统，这个系统可以称为模块，它将抽象的协议直观化。而仿真是基于一系列模块的一组实验，它反映了模块和模块之间的相互作用关系。

（4）模型（model）与对象（object）：模型通常指的是进程模型、节点模型和网络模型等。对象分为两种：第一种是抽象对象，如复合属性；第二种是具体对象，如模块（module）、节点、收信机、发信机。在 OPNET 中对象提出的目的是设置和获取它的属性，因此对象需要有它的对象 ID 号——Objid 作为程序获取对象属性的依据，一般通过 IMA 核心函数（以 Objid 为输入参数）获取或设置对象的属性。

值得一提的是进程模型（process model）没有 Objid，它不是一个对象，而是一个抽象概念，代表协议行为的逻辑关系，在没有被激活成进程时，其对仿真没有任何意义。还需注意的是，模型（model）和对象（object）没有必然的联系。

（四）OPNET 常用文件格式

OPNET 中，文件大体可以分为两类：一类文件是以 m 结尾的文件，主要用于保存模型，如网络模型（network model）保存在 .nt. m 文件中、节点模型（node model）保存在 .nd. m 文件中、进程模型（process model）保存在 .pr. m 文件中、探针模型（probe model）保存在 .pb. m 文件中；另一类文件是自定义文件，如 .h，.ex. c，.ps. c 文件等。表 5 − 1 列出了 OPNET 的常用文件格式。

表 5 − 1　　　　　　　　OPNET 常用文件格式说明

后缀名	描述	文件格式	后缀名	描述	文件格式
. ac	分析配置文件	二进制文件	. map. i	地图文件	二进制文件
. ad. m	公共属性描述	二进制文件	. md. m	调制曲线文件	二进制文件
. ah	动画文件	二进制文件	. nd. d	派生的节点模型	二进制文件
. as	动画描述	ASCII 数据	. nd. m	节点模型	二进制文件
. bkg. i	背景图片	二进制文件	. nt. m	网络模型	二进制文件
. cds	绘图数据集	二进制文件	. nt. so	集成的网络目标文件	共享库文件
. cml	自定义模型列表	ASCII 数据	. orba	卫星轨道文件	二进制文件
. csv	分栏数据文件	ASCII 数据	. os	输出标量文件	二进制文件
. ef	环境文件	ASCII 数据	. ov	输出矢量文件	二进制文件
. em. c	EMA C 代码	C 代码	. path. d	派生的路径模型	二进制文件
. em. cpp	EMA C ++ 代码	C ++ 代码	. path. m	路径模型	二进制文件
. em. x	EMA 目标文件	目标代码	. pa. ma	天线模型	二进制文件
. ets	外部工具支持文件	可执行程序	. pb. m	探针模型	二进制文件
. ets. c	外部工具支持 C 代码	ASCII 数据	. pd. s	可编辑概率密度函数	二进制文件
. ets. o	外部工具支持目标文件	C 代码	. pk. m	可导入仿真概率密度函数	二进制文件
. ets. cpp	外部工具支持 C ++ 代码	目标代码	. pr. c	包格式模型	二进制文件
. ex. c	外部 C 代码	C 代码	. pr. cpp	进程 C 代码	C 代码
. ex. cpp	外部 C ++ 代码	C ++ 代码	. pr. m	进程 C ++ 代码	C ++ 代码

续表

后缀名	描述	文件格式	后缀名	描述	文件格式
. ex. h	外部头文件	C/C++代码	. pr. o	进程模型	二进制文件
. ex. o	外部目标文件	目标代码	. prj	进程模型目标文件	目标代码
. fl. m	过滤器模型文件	二进制文件	. ps. c	工程文件	二进制文件
. fl. x	过滤器模型可执行文件	可执行程序	. ps. cpp	管道阶段C++文件	C代码
. gdf	通用数据文件	ASCII数据	. ps. o	管道阶段目标文件	C++代码
. h	头文件	C代码	. scfa	卫星配置文件	二进制文件
. hlp	帮助文件	文本文件	. pbs. m	服务等级保证探针模型（用于ESP附加模块）	二进制文件
. ic. m	ICI模型文件	二进制文件	. sd	仿真描述	文本文件
. icons	图库文件	ASCII数据	. seq	仿真序列	二进制文件
. lk. d	派生的链路模型	二进制文件	. sim	可执行的仿真	可执行文件
. lk. m	链路模型	二进制文件	. trja	移动节点轨迹	二进制文件

二、OPNET 常用函数介绍

（一）函数命名规则

为了增强核心函数在 C/C++代码中的可视性，OPNET 采用了一种非常标准的命名规则，即采用 op_作为函数名称的前缀，这样可以有效避免 OPNET 函数与非 OPNET 函数之间函数名或变量的冲突，如核心函数 op_pk_nfd_set() 中的 op_前缀。OPNET 把函数名的第二部分作为函数集名，用小写字母表示，通常是函数所处理对象的名称缩写，例如，函数 op_pk_nfd_set() 中的 pk 为包函数 （packet）的缩写；把函数名的第三部分作为子函数集名，这部分主要是对核心函数进行分类，例如，函数 op_pk_nfd_set() 中的 nfd 为包域名函数（field name）的缩写。函数名的第四部分一般都是函数的操作方法名，如函数 op_pk_nfd_set() 中的 set 即为设置的意思。

在使用 OPNET 进行大规模仿真之前，预先了解核心函数是极其有帮助的，只有熟悉了核心函数之后，才能在建模时方便地进行代码编写。

（二）分布函数集

分布类核心函数的功能是按照指定的概率分布函数产生随机值。要求仿真表现出随机行为时，这些随机值作为输入参数是必不可少的，例如，在计算中断的随机触发时间、随机生成包的目的地址等应用场合均需用到随机值。在 OPNET 中，以 op_dist_开头的函数组成了分布函数集。

op_dist_load(dist_name, dist_arg0, dist_arg1) 函数的作用是加载一个分布（如指数分布、均匀分布等）以产生随机值流，也就是用于自定义一个带参数的随机分布函数，一般在进程的初始化状态时完成调用。它接收三个参数，分别是 const char * 类型的 dist_name（用于描述被加载的分布的名称），double 类型的 dist_arg0 和 dist_arg1（用于描述分布的两个附加参数）。它的返回值不是一个随机数，而是指向一个分布函数的指针（Distribution * ），如果发生可恢复错误，则返回常量 OPC_NIL。例 5 - 1 显示了 op_dist_load( ) 函数的使用方法，代码如下。

例 5 - 1　op_dist_load( ) 函数的使用。/ * 加载作业类型的分布函数 * /

job_type_distop_dist_load ("uniform_int", 1, job_type_range);

if Gjob_type_dist = = OPC_NIL)/ * 如果返回值为 OPC_NIL，则抛出错误 * /

jsd_gen_error ("Unable to load job type distribution. ");

op_dist_load( ) 函数的返回值是一个指向分布函数的指针，一般存储在 distribution * 类型的状态变量中，稍后传递给相关核心函数 op_dist_outcome( )。

op_dist_outcome(dist_ptr) 函数的作用是为具有特定分布的随机变量产生一个浮点数，它的唯一参数是 distribution * 类型的 dist_ptr，用于指向被加载分布的指针，即 op_dist_load ( ) 函数的返回值。这个函数的返回值是 double 类型的，用于描述具有特定分布随机变量的结果。如果发生可恢复错误，则返回常量 OPC_DBL_INVALID。例 5 - 2 显示了 op_dist_outcome( ) 函数的使用方法，代码如下。

例 5 - 2　op_dist_outcome( ) 函数的使用。

/ * 确定调度中断的时间 * /

next_pk_arrvl_time = op_sim_time( ) + op_dist_outcome (int_arrival_distptr);

/ * 检查确认这个时间是在结束时间之前 * /

if ((next_pk_arrvl_time < gen_end_time)/t(gen_end_time == FRMSC_APPLEND_OF_SIM)

\{

```
/＊调度自中断＊/
op_intrpt_schedule_self (next_pk_arrvl_time,FRMSC_FR_APPL_TRAF_GEN);
}
```

不管是对 OPNET 自带的分布函数，还是对 PDF Editor（分布函数编辑器）创建的函数，都可以调用 op_dist_load() 函数进行加载。当函数不再使用时，还可以调用 op_dist_unload() 函数将所占内存释放。

op_dist_uniform(limit) 函数的作用是以 limit 为上界产生一个从 0.0 到 limit（包含 0.0 但不包含 limit）均匀分布的随机值，它接收一个 double 类型的参数 limit，该参数描述了均匀分布的取值范围，产生并返回一个 double 类型的均匀分布的随机值，范围为 [0.0, limit)。例 5 - 3 显示了 op_dist_uniform() 函数的使用方法，代码如下。

例 5 - 3　op_dist_uniform() 函数的使用。
```
/＊获取一个在 0 到 max_backoff 之间的随机整数
＊/backoff_slots = op_dist_uniform (max_backoff);
```

（三）进程函数集

OPNET 中以 op_pro 开头的函数定义了一系列用于在一个处理器或队列模块中创建和管理多个进程的方法，这些方法统称为进程函数集。

op_pro_create(model_name,ptc_mem_ptr) 函数的作用是创建一个新的进程作为特定进程模型的实例（进程是进程模型的一个实例），它提供了一个进程用于在相同模块中创建子进程，每个子进程作为一个进程模型实例独立存在，并维持自身的状态。该函数还允许安装 parent-to-child 共享内存，作为当前进程和创建的子进程间的信息传递机制。该函数接收两个参数，其中，const char ＊类型的参数 model_name 表示进程模型名称，Vartype ＊类型的参数 ptc_mem_ptr 描述了当前进程和被创建进程共享的 parent-to-child 内存块的地址。需要注意的是，这块内存格式是用户自定义的，假如没有内存共享，则传递 OPC_NIL。该函数的返回值 Prohandle，指用于进一步处理被创建子进程的进程句柄。在使用时还需要注意，该函数只能创建除根进程以外的进程，而且只有当参数 process_model 引用当前仿真中已声明的进程时，该核心函数才会执行成功。例 5 - 4 显示了 op_pro_create() 函数的使用方法，代码如下。

例 5 - 4　op_pro_create( )函数的使用。

/ * 为正在启动的新会话选择一个端口号 * /

port_numtp_port_select( );

/ * 创建一个会话状态的数据结构，以允许此进程（或根进程）和将要被创建的会话进程进行通信。 * /

ss_ptr = op_prg_mem_alloc（sizeof（Tp_Session_Status））;

/ * 设置会话进程所需的信息 * /

ss_ptr - > dest_host_dest_host;

ss_ptr - dest_port = dest_port;

/ * 创建一个新的进程来管理会话，并保留在该会话进程表中的句柄。 * /

tp_sess_proc_table［port_num］- op_pro_create（"tp_session"，ss_ptr）;

/ * 进程初始化时调用该函数（注意在子进程初始化时无法自动调用该函数）* /

op_pro_invoke（tp_sess_proc_table［port_num］,OPC_NIL）;

与创建进程相对的就是销毁进程。op_pro_destroy_options（pro_handle,options）函数用于销毁动态创建的进程和该进程的所有预设事件［仅销毁进程时可以使用 op_pro_destroy( )函数］。该函数允许进程销毁同一模块中的任意其他动态进程（根进程显然不在此列）。该函数接收两个参数，分别是用于描述被销毁进程的句柄的 pro-handle 类型的 pro_handle 参数和用于描述被执行的操作的 int 类型参数 options（可选参数，默认为 OPC_PRO_DESTROY_OPT_NONE，表示不移除被销毁进程预设事件，如需移除请使用 OPC_PRO_DESTROY_OPT_KEEP_EVEN-TS）。该函数的返回值是 Compcode，表示仿真内核是否成功销毁进程的完成代码，成功销毁返回 OPC_COMPCODE_SUCCESS，失败则返回 OPC_COMPCODE_FAILURE。例 5 - 5 和例 5 - 6 分别显示了 op_pro_destroy( )函数和 op_pro_destroy_options( )函数的使用方法，代码如下。

例 5 - 5　op_pro_destroy( )函数的使用。

/ * 销毁 porcess 指向的进程，如果失败则报错 * /

if(op_pro_destroy（process）— = OPC_COMPCODE_FAILURE）

｛

x25_warning（"Unable to destroy this process. "）;

｝

例 5 - 6　op_pro_destroy_options( )函数的使用。

/＊销毁当前正在执行的进程和该进程的所有预设事件＊/

op_pro_destroy_options（op_pro_self( ),OPC_PRO_DESTROY_OPT_NONE）;

op_pro_self( )函数用来获取当前正在执行的进程的进程句柄。这个函数比较简单,它不需要传入参数,返回值 Prohandle 是当前正在执行的进程的进程句柄。

op_pro_invoke（pro_handle,argmem_ptr)函数的作用是在当前事件或模块的上下文环境中调用进程。它接收两个参数：pro_handle 是 Prohandle 类型的参数,指被调用进程的进程句柄；argmem_ptr 是 void ＊类型的参数,作用是通过 op_pro_argmem_access( )函数为被调用进程提供参数内存块的地址。如果没有使用参数内存可使用 OPC_NIL。该函数返回一个表示调用是否成功的代码,OPC_COMP-CODE_SUCCESS 表示调用成功, OPC_COMPCODE_FAILURE 表示调用失败。例 5 - 7 显示了 op_pro_invoke( )函数的使用方法,代码如下。

例 5 - 7　op_pro_invoke( )函数的使用。

/ ＊以 OPC_NIL 作为第二参数调用 process 指向的进程＊/

op_pro invoke（process, OPC NIL）;

op_pro_argmem_access（)函数的作用是获取进程调用所传递的参数的内存地址,它不需要接收参数。

（四）事件函数集

在仿真过程中,事件类核心函数为进程模型提供有关事件的信息。这些事件由仿真核心管理,按照执行时间的顺序被存储在一个事件列表中。事件列表的队首事件为当前要执行的事件,而事件类核心函数使用事件句柄（evhandle）来对事件进行操作。

OPNET 提供三个函数访问事件列表中的事件。

（1）op_ev_current( )函数的作用是返回当前事件的句柄。这个函数不需要接收参数,返回指向当前正在执行的事件的句柄。例 5 - 8 显示了 op_ev_current( )函数和 op_ev_next_local( )函数的使用方法,代码如下。

例 5 - 8　op_ev_current( )函数和 op_ev_next_local( )函数的使用。

this_event = op_ev_current( );/＊获取当前正在执行的事件＊/

next_event = op_ev_next_local（this_event）; /＊获取下一个本地事件＊/

（2）以一个有效事件为参考点，进程可以通过调用 op_ev_next( ) 函数在事件列表中获得该事件的下一个事件。这个函数接收一个事件句柄作为参数，再返回该事件的下一个事件的句柄。例 5 - 9 为打印出所有流中断信息的函数使用方法，代码如下。

例 5 - 9 op_ev_next( ) 函数的使用。

```
/* 对于每个流中断，打印其信息 */
event - op_ev_current( );
while ( op_ev_valid( event ))
{
    if ( op_ev_type( event ) - = OPC_INTRPT_STRM )
    {
    printf ("src:%d,dest:%d,stream index:%d,time:%f\n",op_ev_sre_id (e -
vent), op_ev_dst_id (event),op_ev_strm (event). op_ev_time (event);
    }
    /* 获取当前事件的下一个事件 */
    event op_ev_next (event);
}
```

（3）op_ev_seek_time( ) 函数可以获得与输入的仿真时间最接近的那个事件的句柄。这个函数接收了一个 double 类型的 time 参数和一个 int 类型的 flag 参数，返回一个与当前寻找的事件相匹配的事件的句柄，如果发生错误，则返回一个无效的句柄。例 5 - 10 展示了该函数的使用方法，代码如下。

例 5 - 10 op_ev_seek_time( ) 函数和 op_ev_cancel( ) 函数的使用。

```
/* 找到当前时间 5s 后的第一个事件，取消掉该事件 */
Time = op_sim_time) +5.0;  /* 获取当前的仿真时间 */
event - op_ev_seek_time (time,OPC_EVSEEK_TIME POST);
while( op_ev_valid (event))
    if( op_ev_dst_id (event) - recv_id)
        op_ev_cancel (event);/* 取消该事件 */break;
else
        event = op_ev_next(event);/* 获取指定事件的下一个事件的句柄 */
}
```

若一个进程接收某个事件，也就是说该事件作用于本地进程模块自身，则该事件被看作本地事件。因此，op_ev_current( )函数返回的肯定是本地事件，因为是这个事件唤醒本地进程的。而 op_ev_next_local( )函数则是返回下一个本地事件，如例 5 - 8 所示。

事件类核心函数还支持管理并查找将来的事件。如果进程要遍历全部的事件，可以分为如下两步进行操作。

① 调用 op_ev_count( )函数得到事件的个数，当然也可以采用 op_ev_count_local( )函数得到本地事件的个数。这两个函数都不需要参数。

② 事件个数为循环语句的上限，对每个事件进行操作。

op_ev_cancel( )函数用于撤销预设的事件，它返回表示操作是否成功的代码。如果 op_ev_cancel( )函数试图删除一个在事件列表中不存在的事件，则会出错，因此一般用 op_ev_pending( )函数配合 op_ev_cancel( )函数使用，确保能够正确删除事件。op_ev_pending( )函数用于验证事件在未来是否会执行。例 5 - 11 显示了op_ev_pending( )函数和 op_ev_cancel( )函数的配合使用方法，代码如下。

例 5 - 11　op_ev_pending( )函数和 op_ev_cancel( )函数的配合使用。

/ * 验证一个事件在未来是否会再调用，如果不会再调用，则取消它 * /if(!op_ev_pending（event））

    {

op_ev_cancel（event）;/ * 取消该事件 * /

    }

（五）接口控制信息函数集

接口控制信息（interface control information，ICI），指的是一种特殊的数据结构，主要用来进行进程之间的数据传递，是进程模块间传递信息的载体。ICI 函数集是与 ICI 仿真实体相关的核心函数的集合。ICI 可以在进程中断产生时与 ICI仿真实体绑定，还可以用作分层协议间的协议会话工具，传递接口参数。ICI 和发送包一样，都是动态的仿真实体，因此它需要创建和销毁。

进程在创建时默认是没有绑定 ICI 的，可以通过内核程序调用 op_ici_install（)函数来实现与 ICI 的绑定，但在此之前需要先创建一个 ICI。每个进程在任意时刻只能绑定一个 ICI，进程对 ICI 的操作（如设置属性、读取数据等）都是根据 ICI 的地址进行的。一旦 ICI 与进程绑定，该 ICI 地址会一直同该进程产生的所有事件关联，直到被另一个 ICI 替换为止。为避免 ICI 与事件间不必要的关联，可以在事件调度结束后重置 ICI（就是绑定空 ICI，即 op_ici_install（OPC_NIL））。

当需要使用 ICI 时，可以参考下面的流程：

（1）源进程使用 op_ici_create（）函数创建 ICI；

（2）源进程使用 op_ici_attr_set_ ***（）函数设置属性的函数保存信息到 ICI，这里的 *** 指代 dbl（double 类型属性）、int32（32 位整形属性）、int64（64 位整型属性）、ptr（指针类型）等；

（3）源进程通过 op_ici_install（）函数绑定 ICI；

（4）源进程通过发送包或自中断来产生事件；

（5）当事件发生并导致中断时，被中断的进程获得 ICI；

（6）被中断进程通过 op_ici_attr_get_ * 关 *（）函数获取 ICI 的信息，其中 ¥ 长 * 的指代同步骤（2）；

（7）被中断进程通过 op_ici_destroy（）函数销毁 ICI，ICI 使用结束。

op_ici_create（）函数的作用是创建一个具有预定义 ICI 格式的 ICI，它接收一个 const char * 类型的参数，指创建的 ICI 的格式名称。该函数返回指向新创建的 ICI 的指针。若发生可恢复错误，则返回常量 OPC_NIL。ICI 格式是预先定义的固定结构，由一系列属性名称和类型按序组成。另外，除非调用 op_ici_install（）函数，否则新创建的 ICI 不会自动影响预设中断。例 5 – 12 显示了 op_ici_create（）函数，op_ici_install（）函数和 op_ici_attr_set（）函数的使用方法，代码如下。

例 5 – 12 op_ici_create（），op_ici_install（）和 op_ici_attr_set（）函数的使用。

```
/*遍历那些已经保存的包，丢弃已经验证过的包*/
for (i – send_window_low,i! = rev_seq; INC(i))
{
if (window [i]. format & x25C_GFL_D_BIT)
{
iciptrop_ici_create （"x25_data"）;/*  x25_data 是一个常量*/
/*设置 ICI 相关属性的值*/
op_ici_attr_set （iciptr,"primitive" ,OSIC_N_DATA_ACK_INDICATION）;op_ici_attr_set （iciptr,"sre address" ,chan_vars – local_addr）;
op_ici_attr_set （iciptr,"dest address" , chan_vars – > remote_addr）;op_ici_attr_set （iciptr,"confirmation request",1）;
op_ici_attr_set （iciptr," confirmation tag" ,window[i]. tag）;
```

```
/*绑定 ICI */
op_ici_install (iciptr);
/*产生事件*/
op_pk_send_forced (pkptr,strm_index);
/*取消绑定*/
op_ici_install(OPC_NIL);
    }
}
```

若已定义过的 ICI 不再使用，则可以通过 op_ici_destroy() 函数将它销毁。
ICI 的信息一般只用一次，即进程接收到中断后，将 ICI 信息分离并读取出来，
它就变得无效了。op_ici_destroy() 函数接收一个 ici * 类型的参数，表示指向给
定 ICI 的指针。在 ICI 函数集中有两个函数可以获取 ICI 指针：在 ICI 发送进程
中，op_ici_create() 函数返回新创建 ICI 的指针；在 ICI 接收进程中，op_intrpt_
ici() 函数返回与输入中断相关的 ICI 指针。当不再使用某个 ICI 时，就应当释
放分配给它的内存资源，以用来创建新的 ICI。op_ici_destroy() 函数提供了一
种重复利用分配给无用 ICI 的内存的机制。因此在使用完 ICI 后，请及时调用
该函数释放内存。

新创建的 ICI 并不包含任何信息，它只是一个信息载体，还必须对它写入信
息。op_ici_attr_set() 函数的作用是为给定 ICI 某属性赋值。它的参数列表及描述
如表 5-2 所示。

表 5-2　　　　　　　　　　op_ici_attr_set() 函数参数

参数	类型	描述
iciptr	ici *	指向给定 ICI 的指针
attr_name	const char *	给定属性的名称
value	vartype *	为给定属性所赴的值

该函数返回表示 ICI 属性值是否成功修改的代码。对于新创建的 ICI 和已经
发送到目的进程的 ICI，都可以使用该函数进行属性设置。op_ici_attr_set_ ***()
函数使用方法与 op_ici_attr_set() 函数十分相似，这里不再一一列举，读者在使
用时可以参照 op_ici_attr_set() 函数并查阅 OPNET 文档。例 5-12 显示了 op_ici_
attr_set() 函数的使用方法。

虽然进程可以同时创建多个 ICI，并且给它们赋值，但是只有一个能够与输出中断相绑定。op_ici_install( ) 函数的作用是建立一个 ICI 并使其自动与调用进程预设的输出中断相关联，即使 ICI 与输出中断相绑定。该函数接收一个 ici * 类型的参数，表示指向给定 ICI 的指针，返回值也是一个 ICI 指针，指向建立的 ICI，或者当为空时返回 OPC_NIL。

前文已经讲到，在 ICI 接收进程中，op_intrpt_ici( ) 函数返回与输入中断相关的 ICI 指针。因此在进程收到 ICI 后，可以调用 op_intrpt_ici( ) 函数获取 ICI 指针，之后就可以通过 op_ici_attr_get( ) 函数取得 ICI 属性的值。op_ici_attr_get( ) 函数的作用是获取给定 ICI 的某属性值，它的参数列表如表 5 - 3 所示。

表 5 - 3 　　　　　　　　　　op_ici_attr_get( ) 函数参数

参数	类型	描述
iciptr	ici *	指向给定 ICI 的指针
attr_name	const char *	属性名
value_ptr	vartype *	指向变量的指针，该变量中存储了将赋给制定属性的值

该函数返回是否成功获取 ICI 属性值的代码，如果发生可恢复错误，则返回 OPC_COMPCODE_FAILURE。在使用该函数时需要注意，参数 attr_name 必须使用 ICI 引用的格式中定义过的属性，而且函数返回的是属性的当前内容。op_ici_attr_get_ * 关 *( ) 函数的使用方法与 op_ici_attr_get( ) 函数的十分相似，这里不再一一列举，读者在使用时可以参照 op_ici_attr_get( ) 函数并查阅 OPNET 文档。

例 5 - 13 显示了 op_intrpt_ici( ). op_ici_attr_get( ). op_ici_destroy( ) 函数的使用方法。

例 5 - 13 　op_intrpt_ici( )、op_ici_attr_get( ) 和 op_ici_destroy( ) 函数的使用。

```
switch (op_intrpt_type( )) {
    case OPC_INTRPT_REMOTE：
        /* op_intrpt_ici 返回与输入中断相关的 ICI 指针 */
        iciptr = op_intrpt_ici( );
        if (iciptr ! = OPC_NIL) {
            /* op_ici_attr_get 函数用于获取 ICI 属性的值 */
            op_ici_attr_get(iciptr, "primitive", &primitive);
```

```
        /* 其他代码处理... */
         /* op_ici_destroy 函数用于销毁已存在的 ICI */
        op_ici_destroy(iciptr);
    }
    break;
}
```

接口控制信息函数还有 op_ici_format( )，op_ici_print( ) 等。op_ici_format( ) 函数的作用是，当进程期望接收某种格式的 ICI，而又不能确定接收到的 ICI 是不是该格式时，可以调用 op_ici_format( ) 函数先核对格式。op_ici_format( ) 函数接收两个参数，第一个参数是 ICI * 类型的，用于指定 ICI；第二个参数是 char * 类型的，用于表示指定的 ICI 是基于哪种格式名称的。op_ici_print( ) 函数的作用是将 ICI 的内容打印到 DOS 窗口中，主要用于调试程序中。这个函数只接收一个用于指向 ICI 的参数。例 5-14 显示了这两个函数的使用方法，代码如下。

例 5-14　op_ici_format( ) 和 op_ici_print( ) 函数的使用。

```
/* 获取与中断相关的 ICI · */
iciptrop_intrpt_ici;
/* 下面的代码用于验证这个 ICI 的类型是否可用，如果可用，则将其内容打
印到终端 */
/* op_ici_format 方法的作用是获得相应 ICI 格式名称并解释其内容
*/op_ici_format (iciptr,format_name);
if( strcmp( ici_name,"fddi_mac_fr_llc" ) ==0)
    op_ici_print (iciptr);
```

（六）中断函数集

在 OPNET 中，事件是特定时刻发起的某种动作，而中断是事件在仿真内核中的实际执行结果。在 OPNET 中，以 op_intrpt_ 开头的一系列函数组成了中断函数集。

op_intrpt_schedule_self (time,code) 函数的作用是为调用进程预设一个中断，它接收一个 double 类型的 time 参数用于描述预设的中断时间（注意该时间为绝对仿真时间）和一个 int 类型的 code 参数用于描述与中断关联的用户自定义数值

代码（由用户自定义，当中断调用进程时，可通过函数 op_intrpt_code（）获取该代码，如例 5 - 20 所示）。该函数返回值 Evhandle 表示预设中断的事件句柄。调用该函数将在仿真事件列表中插入一个代表预设自中断的新事件，当使用该函数预设了中断事件后，函数将立即返回调用进程的控制权，当执行完所有的前期事件且自中断事件位于仿真事件列表的表头时，将其仿真时间设为当前仿真时间并执行事件，引发调用进程的自中断。例 5 - 15 是该函数的简单使用方法，代码如下。

例 5 - 15 op_intrpt_schedule_self（）函数的使用。
/ * 在服务终止的时刻为该进程预设一个中断 * /
/ * op_sim_time（）函数用于获取当前的仿真时间 * /
op_intrpt_schedule_self（op_sim_time（）+ pk_svc_time,0）;

op_intrpt_schedule_remote（time,code,mod_objid）函数的作用是为给定的进程器或队列预设一个远程中断。它的参数列表如表 5 - 4 所示。

表 5 - 4   **op_intrpt_schedule_remote（）函数参数**

参数	类型	描述
time	double	预设的中断时间
code	int	用户自定义的中断相关数值代码
mod_objid	objid	给定进程或队列的对象 ID（进程或队列 ID 可通过 id 函数集中的 op_id_self（），op_topo_child（）和 op_id_from_name（）函数来获取）

该函数返回值是预设中断的时间句柄。该函数和 op_intrpt_schedule_self（）函数很相似，返回值都可存储在一个状态变量中，用于以后调用函数 op_ev_cancel（）时取消中断。不同点就在于前者预设的是远程中断，提供了无须物理包流或统计线的连接和进程可远程调用另一进程的机制，而且进程可用它来警告另一进程某事件的发生；后者预设的是自中断，常用来限制某个进程状态的持续时间。例 5 - 16 显示了 op_intrpt_schedule_remote（）函数的简单使用方法，代码如下。

例 5 - 16 op_intrpt_schedule_remote（）函数的使用。
/ * 在指定的时间为指定的进程或队列预设一个远程中断 * /
op_intrpt_schedule_remote（op_sim_time（）,0,Fddi_Address_Table［address］）;

op_intrpt_type( ) 函数的作用是获取调用进程的当前中断属性。该函数返回的中断属性如表 5 – 5 所示。

表 5 – 5   op_intrpt_type( ) 函数参数

常量	描述	常量	描述
OPC_INTRPT_FAIL	节点或链路失败中断	OPC_INTRPT_REMOTE	远程中断
OPC_INTRPT_RECOVER	节点或链路恢复中断	OPC_INTRPT_BEGSIM	仿真起始中断
OPC _ INTRPT _ PROCE- DURE	过程中断	OPC_INTRPT_ENDSIM	仿真结束中断
OPC_INTRPT_SELF	自中断	OPC_INTRPT_ACCESS	访问中断
OPC_INTRPT_STRM	流中断	OPC_INTRPT_PROCESS	进程中断
OPC_INTRPT_REGULAR	常规中断	OPC_INTRPT_MCAST	广播中断
OPC_INTRPT_STAT	统计中断		

按不同中断类型，中断函数集可分为仿真核心中断、状态中断和流中断三类。

对于仿真核心中断，进程模型接口中的中断属性的设置非常重要，尤其是 beg – sim intrpt 的设置，其影响 init 的状态的 Enter 代码何时执行，如果是 enabled，那么仿真一开始，即仿真 0 时刻，可以对 process 进行初始化，process 被触发后，即执行 init 的 Enter 代码；如果是 disabled，就不会被 kernel 触发。如果仿真结束时需要进行一些工作（如变量的收集、内存的释放等），则需要调用 enable endsim intrpt。regular intrpt 可用来做定时器，在 process interface 设定了 intrpt interval 之后，仿真核心每个该时间量触发一次 regular 中断。

对于状态中断，stat_intrpt( ) 函数可以用来提取统计信息作为反馈控制变量，将该信息反馈回模型中进行控制。对 StatisticWire 可以这样理解：StatisticWire 将 A 进程的一个变量反映给 B 进程，该变量一般由 op_stat_write( ) 函数改变其值。在 B 进程中：监测到 OPC_INTRPT_STAT 型中断以后，由 op_stat_local_read( ) 函数读入；通过 op_stat_local_read( ) 函数查询 stat 值，一般是在收到 OPC_INTRPT_STAT 中断时去查询。当 intrpt method 选择为 forced 方式时，将直接进行 stat 触发；当 intrpt method 选择为 scheduled 方式时，有多种触发方式，如 rising edge，falling edge trigger，repeated value trigger 等，按照触发方式在接收端引发 OPC_INTRPT_STAT。

对于流中断，op_intrpt_strm( ) 函数的作用是获取与调用进程当前中断相关联的流索引，即返回接收的流索引号（stream index）。与流相关联的中断有流中断和访问中断。前者的流是指包到达的输入流，此时该函数用于确定包是通过哪个输入流到达的；后者的流是指与之相连的模块访问的输出流，此时该函数用于确定所连处理器或队列访问的是哪个输入流。例 5 – 17 显示了如何使用 op_intrpt_type( ) 函数判断中断类型并进行相应的处理，代码如下。

例 5 – 17　op_intrpt_type( ) 函数的使用。

```
type op_intrpt_type();/*获取中断类型*/
switch（type）
case(OPC INTRPT_STRM):/*如果是流中断*/
/*此处省略了相应的处理代码*/
break;
case(OPCINTRPT_SELF):/*如果是自中断*/
/*此处省略了相应的处理代码*/
break;
case(OPC INTRPT_STAT):/*如果是状态中断*/
/*此处省略了相应的处理代码*/
break;

default：
/*此处省略了相应的处理代码*/
}
```

（七）分组函数集

包是 OPNET 中主要的数据模型，基于包的通信是 OPNET 仿真的主要信息传递机制，大多数网络应用都涉及分组或包的传输。OPNET 中以 op_pk_ 开头的函数称为包（packet）函数集，这是一组有关处理包、主要数据建模及封装机制的核心函数的集合，主要包括创建/销毁包、设置/获取包的数据内容和获取包的特殊属性的信息的函数。

包实质上是一种数据结构，它是动态的仿真实体，并且有一定的生存期，在创建之后即担负承载数据的责任，一旦使命完成将会被销毁，以释放所占用的内存，供其他包使用。op_pk_create_fmt(format_name) 函数的作用是创建一个具有预定格式的包，成功则返回一个 packet * 类型的指针，用于指向新创建的包，失败则返回 OPC_NIL。例 5 – 18 显示了 op_pk_create_fmt（）函数和 op_pk_nfd_set（）函数（后讲）的使用方法，代码如下。

例 5 – 18　op_pk_create_fmt（）和 op_pk_nfd_set（）函数的使用。
/ * 创建一个指定格式的包 * /
mac_frame_ptr – op_pk_create_fmt（"fddi_mac_fr"）；
/ * 为包的相应字段赋值 * /
op_pk_nfd_set（mac_frame_ptr,"svc_class", svc_class）；
op_pk_nfd_set（mac_frame_ptr,"dest_addr", dest_addr）；
op_pk_nfd_set（mac_frame_ptr,"src_addr",my_address）；
op_pk_nfd_set(mac_frame_ptr,"info",pdu_ptr)；

包可以通过 op_pk_eopy（pkptr）函数创建一个包的副本，具有相同的包头和内容，但它的创建时间和标识号（Packet ID）不同。该函数接受一个 packet * 类型的参数，用于指向原包的指针，返回值是指向副本包的指针。

如果想要销毁一个包并释放其内存资源，可以调用 op_pk_destroy（pkptr）函数，该函数无返回值。无用的数据包大量积聚会占用很多内存，经常使用该函数销毁无用的包可以达到释放内存的目的。但需要注意的是，如果在销毁前已使用 op_pk_nfd_get（）函数获取包的结构字段内容，那么就必须使用 op_prg_mem_free（）函数释放结构字段内存。

op_pk_get（instrm_index）函数的作用是获取到达输入包流的包的指针，并将其从流中移除。该函数获取包的方式有两种，一种是获取在包流中发送的包，另一种是获取由远程模块传送的包，这两种获取方式是一样的。请注意，使用该函数只能获取到输入流队列中第一个到达的包，因为被动地发送或传递到输入流（采用函数 op_send_quict（）或 op_deliver_quiet（））中的包不会引起相关模块的中断，多个被动包属于同一个输入流，它们按到达顺序进行排队。如果需要连续获取包，则可以反复调用该函数，使用 op_strm_pksize（）函数可以获取输入流队列中包的数目。例 5 – 19 显示了 op_pk_copy（）和 op_pk_get（）函数的使用方法，代码如下。

例 5 – 19　op_pk_copy（）和 op_pk_get（）函数的使用。
/ * 获取中断流中的包 * /
pkptr ＝ op_pk_get（op_intrpt_strm（））；

```
/* 获取指定字段 int_value 的值并保存到 &i 指向的内存中 */
inti;
op_pk_nfd_get(pkptr, "int_value", &i);
/* 代码省略... */
/* 将该包插入到子队列的头部 */
if(op_subq_pk_insert()0, pkptr, OPC_QPOS_HEAD)! = OPC_QINS_OK){
    /* 如果插入失败,丢弃并销毁该包 */
op_pk_destroy(pkptr);
}
```

在数据通信中,包的时间戳是一个非常重要的概念。我们可以很形象地把包看作一个包裹,邮局是仿真核心,邮寄包裹可以看作包的传输,邮局将它寄出去之前必须盖上邮戳(这个邮戳可以看成这里的时间戳)标记是什么时候和什么地点寄出去的。通过调用 op_pk_stamp() 函数,仿真核心标识创建时间为当前的仿真时间,地点为创建包的进程所对应的对象标识号(Objid)。在包被设置好时间戳后,无论它经过任何进程,该进程都可以析取时间戳中的信息,得到上一次对包操作的时间(通过调用 op_pk_stamp_time_get() 函数)和地点(通过调用 op_pk_stamp_mod_get() 函数)。值得一提的是,包的时间戳可以通过调用 op_pk_creation_time_set() 函数被进程修改,并非一定是最原始的创建时间。

除了手动调用 op_pk_stamp() 函数设置时间戳,仿真核心在包创建时会自动标记原始时间戳,可以调用函数 op_pk_creation_time_get() 函数和 op_pk_creation_mod_get() 函数来分别得到包的原始创建时间和地点,其中前者主要用于计算端到端的传输和处理延时,后者用于获取包创建出的模块 ID。两者相结合后,op_pk_creation_time_get() 函数可用于比较不同源位置的端到端延时。

包的传输是 OPNET 仿真的主要行为。OPNET 规定了包传输的两种方式,分别是"发送(sending)"和"传递(delivering)"。sending 是通过连接模块与模块的包流(packet stream)来实现的,而 delivering 不需要实际的物理连接。这两种传输模式针对不同的应用有各自的用途。

对于 sending,有下面四种方式。

(1)常用的发送方式是调用 op_pk_send() 函数,当包沿着输出包流到达目的模块时立即向目的模块触发流中断。整个过程没有延时,所以包到达的时刻也是包发送的时刻。op_pk_send(pkptr, outstrm_index) 函数的作用是将包发送到输入包流中，基于当前仿真时间安排包到达某个目的模块的时间，并释放调用进程对包的所有权，第二个参数 outstrm_index 描述了所属模块输出包流的索引值。该函数主要用于在节点内通过包流相连的模块间传递包，如果需要在不依赖模块间物理连接的情况下传递包，可使用 op_pk_deliver( ) 函数。

（2）与第一种方式相比，如果要模拟包在包流传输过程的延时，以此来仿真模块有限的处理速度，这时可以调用 op_pk_send_delayed( ) 函数，包将滞后指定的时间到达目的模块。op_pk_send_delayed（pkptr, outstrm_index, delay）函数的作用是将包发送到输出包流中，确定附加一段延时后包到达目的模块的时间，并释放调用进程对包的所有权。该函数提供了在通过包流相连的模块间传递包的机制，主要用于模拟由调用进程引起的处理延时或传输延时。

（3）前面两种传输方式对于目的模块来说是被动的，因为包的到达会强加一个流中断通知它接收。如果目的模块希望隔一定的时间间隔就主动去从输入队列中取出一个包，此时包到达引起的时间上不规则的中断便显得无意义。

（4）考虑到目的模块的这种要求，源模块应该调用 op_pk_send_quiet( ) 函数，采取一种静默的方式发送包。该函数使用方法如例 5-20 所示。

op_pk_nfd_set（pkptr, fd_name, value）函数和 op_pk_nfd_get（pkptr, fd_name, value_ptr）函数是一对相对应的函数，前者的作用是为 pkptr 所指的包的 fd_name 字段赋值（值为 value），后者的作用是获取 pkptr 所指的包中的 fd_name 的值，并存储到 value_ptr 所指的内存中。在这两个函数的参数中，value 和 value_ptr 分别是 vartype 类型的数据和指向 vartype 类型的指针，核心函数会根据包的内部结构来确定传递给参数的是何种类型的字段，从而改变它的字段分配方法。op_pk_nfd_set( ) 函数的用法如例 5-18 所示，例 5-19 显示了 op_pk_nfd_get( ) 函数的使用方法。

（八）队列函数集

队列类核心函数为队列模块提供管理队列资源的支持。值得注意的是，队列类核心函数只针对队列模块，进程模块或无线收发机管道程序不能使用。

队列由多个子队列（subqueue）组成，换句话说，队列是由多个子队列拼贴在一起形成的。子队列的大小由头和尾界定，它可以看作是一个包的列表，因此随着包的到达和离开，队列大小将动态变化。

子队列类核心函数支持对子队列的操作，如插入和访问包，而队列类核心函数不支持这些操作，它只针对队列（所有子队列的集合）。

若一个子队列不包含任何包，则为空；若一个队列的所有子队列都为空，则它为空。函数 op_q_empty( ) 用于判断队列是否为空。有时队列需要清空（或称为刷新），如设备重新启动，这时可以调用 op_q_flush( ) 函数。

子队列最基本的操作是插入、访问、删除和查找包。op_subq_pk_insert( ) 函数的作用是将包插入到给定子队列的指定位置。op_subq_pk_insert( ) 函数的参数列表如表 5 – 6 所示。该函数返回一个 int 值，表示插入是否成功的代码。系统为该函数的第三个参数定义了三个符号常量 OPC_QPOS_PRID，OPC_QPOS_HEAD 和 OPC_QPOS_TAIL，分别表示按优先级插入、头插入和尾插入。

表 5 – 6　　　　　　　　op_subq_pk_insert( ) 函数参数

参数	类型	描述
subq_index	int	给定子队列的索引（子队列索引从 0 开始）
pkptr	packet *	指向给定包的指针
pos_index	int	子队列中包应插入的位置索引

op_subq_pk_access( ) 函数的作用是得到指向包的指针。

op_subq_pk_remove( ) 不同于 op_subq_pk_access( ) 函数，它不仅获取包在子队列中的位置指针，还将其从子队列中移除。它接收两个 int 类型的参数，分别表示相关子队列的索引和子队列中需移除的包所在位置的索引（索引从 0 开始），返回值是一个指向从队列中移除的包的指针。该函数的使用如例 5 – 20 所示，代码如下。

例 5 – 20　op_intrpt_code( )、op__subq_empty( )、op_subq_pk_remove( ) 及 op_pk_send_quiet( ) 函数的使用。

```
/* 确定哪些子队列正在被访问 */
subq_index = op_intrpt_code( );
/* 检查是否为空 */
if ( op_subq_empty ( subq_index ) == OPC_FALSE )
{
/* 访问子队列中的第一个包并移除它 */
pkptr = op_subq_pk remove ( subq_index, OPC_QPOS_HEAD );
/* 使用安静模式将其转发到目的地，以免引起流中断 */
op_pk_send_quiet ( pkptr, subq index );
}
```

包进入队列后，一些与之相关的信息会被保存下来，例如，什么时候进入队列的，在队列中积压（等待）多长时间等。包进入队列的时间可以通过 op_q_insert_time()函数获取，包的等待时间可以通过 op_q_wait_time()函数获取。

如果需要互换队列中两个包的位置，只需调用 op_subq_pk_swap()函数即可。

（九）统计量函数集

统计量（statistic，stat）函数集用于将用户自定义的自动计算的统计量写入仿真创建的数据文件中。OPNET 提供两种类型的统计量：矢量统计量（vector）和标量统计量（scalar），对应的输出文件分别为矢量文件（*，ov）和标量文件（*，os）。

矢量统计量包含动态的，基于事件的十进制数据，这些数据跟踪统计量随时间的变化而变化，每个数据点都是在某个时刻访问矢量统计量生成的，一个矢量统计量只能包含一次仿真的数据。换句话说，仿真过程中不能将新的数据加入以前仿真创建的矢量输出文件中。每个矢量统计量在隶属的探针模型（probe model）文件中都对应一个探针，而标量统计量不需要在探针编辑器中定义探针。

标量输出文件可以收集由许多仿真共同产生的结果，具体来说，对于一系列仿真，仿真每更新一次参数就得出一个新的结果，我们希望将每次仿真的参数和与其对应的结果画成一条曲线，这时就可以采用将结果写入标量输出文件的方法来实现。与矢量文件相比，标量文件包含非动态的数据。标量文件以数据块的方式组织数据，每一次仿真的所有标量数据被写入一个相应的数据块中。

op_stat_annotate()函数为矢量输出文件的一个状态统计量增加一个标签，op_statrename()函数对矢量输出文件中的一个状态统计量重命名。op_stat_reg()函数返回进程模型中节点或模块统计量（局部或全局）的句柄，只能用在进程模块的上下文中，且既可注册局部统计量，又可注册全局统计量。例 5 - 21 显示了这三个函数的用法。op_stat_obj_reg()函数与 op_stat_reg()函数类似，但不局限于应用在进程模块，它还可以用来访问链路、路径、子模块的局部统计量。op_stat_dim_size_get()函数得到进程模块中定义的统计量的维数（dimension），而 op_stat_obj_dim_size_get()函数还可以得到路径、链路等对象的统计量的维数。op_stat_write()函数在当前时刻将结果写给某个指定的统计量，它接收的两个参数分别是将写入的值和当前仿真时间。op_stat_write_t()函数在某个指定的时间将结果写给某个指定的统计量。

例 5 - 21 op_stat_annotate( )、op_stat_rename( )及 op_stat_reg( )函数的使用。

```
if ( conn_id < FRMSC PVC_CONN_STAT_COUNT)
    {
    /* 为该统计量创建一个索引 */
    /* 参数一为统计量，参数二为索引号，参数三指定是全局索引(OPC_STAT_
GLOBAL)或局部索引(OPC_STAT_LOCAL) */
    frms_ete_del_var_lhandle op_stat_reg ( "Frame Relay PVC. Delay Variance" ,
conn_id,OPC_STAT_LOCAL);
    /* 为 frms_ete_del_lhandle 指向的统计量增加一个标签，命名为 stat_annot str */
    op_stat_annotate ( frms_ete_del_lhandle, stat_annot_str);
    frms_ete_del_var_lhandle op_stat_reg ( "Frame Relay PVC. Delay Variance" conn_
id,OPC_STAT_LOCAL);
    /* 为 frms_ete_del_lhandle 指向的统计量重命名为"Delay Variation" */
    op_stat_rename ( frms_ete_del_var_lhandle, "Delay Variation" ),
    op_stat_annotate ( frms_ete_del_var_Ihandle, stat_annot_str),
    }
```

三、OPNET 网络建模和仿真方法

(一) OPNET 建模基本特性

在介绍 OPNET 的建模机制之前，需要先了解建模的一些基本特性。

建模，即建立系统模型的过程，是将实际的系统映射到仿真环境中的过程。由于建模是一个非常复杂的过程，仿真系统无法模拟出实际系统的全部行为，而仿真环境对实际系统的逼近程度又将直接影响仿真结果的有效性，因此建模方法的好坏将直接影响实验结果。仿真领域采用同等性来描述仿真环境与实际系统的逼近程度，它不是要求仿真系统与实际系统完全等同，而是指仿真系统能在某些方面或层次反映实际系统。

1. 建模的条件和步骤

一般来说，建模应该满足以下几个条件：

(1) 模型必须能解释待研究的问题；

(2) 模型在映射实际需求时必须有足够的精确程度；

（3）模型建立的准确性必须能够被验证；

（4）模型应该满足一些预定义的前提条件。

在实际建模过程中，不需要将系统的所有方面都包含在模型中，只需抓住需要建模的方面，将另一些不重要的方面进行简化甚至直接忽略，这就需要我们采用科学的方法进行有效的分析。大体上，建模的基本过程可以分为六个步骤，如图 5 - 1 所示。

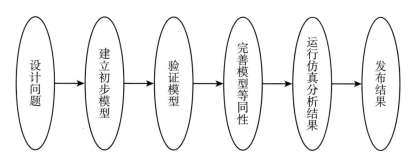

图 5 - 1　建模六大步骤

为了与真实计算机通信网络三个方面的模型即网络拓扑、节点内部结构和通信行为保持一致，OPNET 的建模过程分为三个层次，即进程（process）层次、节点（node）层次和网络（network）层次。其中，最底层的进程层次以有限状态机（FSM）描述协议，模拟单个对象的行为；节点层次由相应的协议模型构成，反映设备的特性，并将进程层次模拟的对象行为互联成设备；网络层次需要对网络有正确的拓扑描述，将节点层次的设备互联组成网络。这种建模机制和实际协议层次、设备、网络完全对应，全面反映了网络的系统特性，有利于工程的管理及分工。

2. OPNET 建模的特点

（1）源于对象：OPNET 采用的是一种面向对象的建模方式（objectoriented modeling），从网络模型到节点模型再到进程模型，都是对实际系统某一些方面的抽象，反映实际系统的某一些方面的行为。每一类节点开始都采用相同的节点模型，再针对不同的对象，设置特定的参数。每个模型都具有自己的状态和操作，各模型之间还可进行通信。

（2）针对通信和网络：OPNET 作为一种优秀的通信网络、协议的建模和仿真工具，自身的定位就是针对通信和网络，因此它完全符合 OSI 七层结构，而且不同层次之间又不像 GloMoSim 那样划分得太过严格而导致跨层信息通信十分困难。

（3）层次化建模：Modeler 采用阶层性的模拟方式（hierarchical network modeling），节点模块建模符合 OSI 标准，即业务层→TCP 层→IP 层→IP 封装层→ARP 层→MAC 层→物理层；而且 Modeler 还提供了三层建模机制，分别为进程模型、节点模型、网络模型。

（4）图形界面：OPNET 有一个友好的图形界面，所有的操作都可以直观地进行，而且一些仿真输出也可以图形化显示。

（5）动画：OPNET 专门定义了动画类核心函数，支持进程模型通过编写一系列图形操作命令来定义动画。由于仿真并不支持直接显示动画图形，所以必须通过动画浏览程序（op_vuanim）间接地对动画请求进行解释，并显示动画。

（6）便捷的交互式程序分析：OPNET 可以很方便地与 VC 联调，使用 VC 强大的调试（debug）功能，可以很方便地找出代码的错误。

（二）OPNET 建模机制

OPNET Modeler 建模采用层次化和模块化的方式，网络域、节点域、进程域是构建 OPNET Model 模型的三个层次。下面将详细介绍 OPNET 的三层建模机制。

1. 网络域模型

网络域建模是利用地理位置和运行业务，采用子网、路由器、服务器及通信链路等建立网络模型，构建反映现实网络结构的拓扑，以期实现对现实网络的真实映射，因此网络域建模依赖于对网络的正确的拓扑描述。在网络模型的三个模块中，子网（sub-networks）的级别最高，可以封装其他网络层对象；通信节点（communication node）对应于网络设备，也包括一些业务配置模块；通信链路（communication links）对应于显示网络中的链路，也包括逻辑链路。

（1）子网。

这里的子网与计算机网络中的子网具有不同的概念，OPNET 的子网只是一个完整网络实体的某一个方面的抽象实体，一个子网通常包含一组节点和链路，用于表示物理上或逻辑上的网络模型。子网由支持相应功能的硬件和软件组成，用于生成、传输、接收和处理数据，子网也可以层层嵌套，即子网中包含其他子网，这种机制有助于构建更复杂的分层网络。

（2）通信节点。

通信节点包含在子网中，用于表示路由器、交换机、服务器和工作站等物理设备，数据通常在通信节点中产生、传输、接收和处理。OPNET 提供了三种类型的节点，分别是：固定节点，包括路由器、交换机、工作站、服务器等物理设备；移动节点，包括移动台、车载通信系统等；卫星节点，即卫星。

（3）通信链路。

不同的节点之间需要有通信链路连接，这是节点之间包通信的信道。OPNET支持的链路包括点对点链路和总线链路，前者主要用于固定节点（如路由器、交换机）之间的包流传输，后者主要用于以广播方式在多个节点之间共享传送数据。通信链路通常还包括无线链路，这是一种在仿真中动态建立的链路，它可以在任何无线的收发信机之间被建立。

基于这三个模块，网络域建模可以按照建立网络拓扑结构、创建编辑网络模型、创建自定义节点和创建链路模型的步骤进行建模。图 5 - 2 展示了建立网络拓扑结构的步骤，创建编辑网络模型可以在 OPNET 工程编辑器中进行。

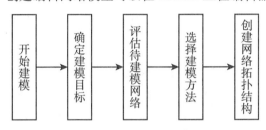

图 5 - 2　网络拓扑结构建立

2. 节点域

节点域建模将实际节点分解成若干节点模块，每个节点模块实现实际节点行为的一个或多个方面，如数据生成、数据存储、数据传输或数据处理等，然后将各模块用包流线或者统计线连接起来，即组成一个具有完整功能的节点，其中包流线用于各模块间数据包的传输，统计线用于对模块特定参数变化的监视。

节点模块用于实现实际节点的一个或多个功能，因此仿真其实就是基于一系列模块进行的一组组合实验，即将各种节点模块组合在一起实现完整的节点功能。OPNET 中模块可以分为四种类型：进程模块、队列模块、收信机模块和发信机模块。

（1）进程模块。

进程模块主要用于建立节点模型，它的功能由进程模型决定，包括产生数据、接收数据、传输数据和数据处理等。进程模块可以通过数据包流连接到其他模型，并进行数据包流的发送和接收：通过数据包流，从输入流接收数据包、处理该数据包，并通过输出流将该数据包发送出去。

（2）队列模块。

队列模块可以看作进程模块的一种扩展，它比进程模块多了额外的内部资源——子队列。队列是由多个子队列拼贴在一起形成的，子队列是队列的子对象，不能再包含其他模块，因此它不可能是其他模块的父对象。子队列通常用于对数据包进行收集和管理。

（3）收信机模块和发信机模块。

收信机模块和发信机模块都是连接通信链路和数据包流的接口，不同的是前者用于接收从节点外通信链路发来的数据包流，而后者用于向通信链路发送数据包流。这两种模块都可分为点对点模块，总线型模块和无线收信机模块。收信机从通信链路上接收数据包后，将数据分配到一个或多个模块的输出数据包流上，发信机则用于从一个或多个输入数据流中收集数据报，然后以相同的索引号发送到通信链路的信道上。

连接线分为数据包流和统计线，分别指承载数据包的连接线和传输单独数据的连接线。数据包流是在同一节点模型的不同模块间传输数据包的物理连接，在OPNET中可以用数据包流建立可靠的链接。由于数据包流比较复杂，OPNET还提供了一种简单的接口——统计线，用于在模块间传递简单的统计数值。

节点建模通常在OPNET节点编辑器（node editor）中进行。图 5 - 3 显示了一个简单的节点模型。

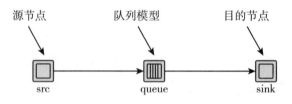

图 5 - 3　节点模型

3. 进程域

进程模型是实施各种算法的载体，主要用来刻画节点模型里的处理机及队列模型的行为，可以模拟大多数软件或者硬件系统，包括通信协议、算法、排队策略、共享资源、特殊的业务源等。理解 OPNET 进程驱动的原理对理解整个进程模型是非常有帮助的。所有的进程都是由中断驱动的，所以进程的第一个操作就是判断中断的类型，进而解析中断的属性。op_intrpt_type（）函数的作用是获取调用进程的当前中断属性，进程一直在阻塞（blocked）和活动（active）两个状态间循环，当等待的事件或中断到来，进程则由阻塞状态进入活动状态，执行完毕后再回到阻塞状态。根据前文所述，进程模型是用有限状态机来描述进程的协议，用状态转移图描述进程模型的总体逻辑构成。下面从进程状态转移图、变量和内存共享机制等方面详细介绍进程域涉及的相关内容，使读者深入理解进程域。

（1）状态转移图。

状态就是进程在仿真过程中所处的状态，OPNET 为进程定义了两种状态，即强制状态（forced states）和非强制状态（unforced states），状态颜色分别用绿色和红色表示。进程在某一时刻只能处于一种状态，而且在任何时刻只能有一个进程处于执行状态。非强制状态允许进程在进入和离开之间暂停，即进程执行完非强制状态的入口代码后会被阻塞，并将控制权交还给调用它的其他进程。如果该进程是被仿真内核调用的，则意味着这个事件已经结束了。强制状态是不允许进程停留的状态，即进程进入该状态并执行完入口代码后不停留，立即执行相应的出口代码，然后根据转移条件转移到下一个状态。强制状态的出口执行代码一般为空，这也是它与非强制状态最大的区别之处。当一个进程开始执行后，我们就说这个进程被调用了。当进程进入强制状态时，仿真系统会强制进程立刻转移到下一个状态；而当进程进入非强制状态时，将触发中断，只有当等待的事件得到满足或者其他进程、仿真核心触发，才可继续执行。例如，当一个进程调用另一个进程时，调用（invoking）进程被暂时挂起，直到被调用（invoked）进程被阻塞为止，一个进程如果完成了它当前调用的处理就将被阻塞，当被调用进程被阻塞时，调用进程就将从它挂起的地方继续执行。

OPNET 把进程的有限状态机的状态转移图（state transition diagrams，STD）和标准的 C/C ++ 语言，以及 OPNET 核心函数统一起来称为 Proto - C 语言，它是 OPNET 为协议和算法的开发而专门设计的，是一个类似于内核程序（kernel procedures）的高级命令库，同时又具有 C/C ++ 语言强大的功能。状态转移图同时定义了模型的各个进程所处的状态，以及使进程在状态之间转移的条件。

① 状态变量。状态转移图中的状态变量是指进程拥有的一些私有状态变量。这些变量可以是任意数据类型的，包括 OPNET 专有的、通用 C/C ++ 、用户定义类型等。状态变量可以使进程能够很灵活地控制计数器、路由表、与性能相关的统计量和需要转发的消息。

② 状态执行。与进程状态对应的动作在 Proto - C 语言中被称为执行代码。状态的执行代码分为入口代码和出口代码，入口代码是进程进入该状态时执行的代码，出口代码是进程离开该状态时执行的代码。进程进入和离开状态时的操作包括：修改状态信息、创建或接收消息、更新发送消息的内容、更新统计数据、设置计时器以及对计时器做出响应。

③ 状态转移。进程的特性状态转移描述了进程模型从一种状态变为另一种

状态的过程及条件：原状态、目的状态、转移条件和转移执行代码。进程在执行完原状态的出口代码时，判断转移条件，如果条件为真，则开始执行转移代码，然后进入目的状态。

（2）变量类型。

在使用 Proto – C 语言编写进程模型时，还需要关注 OPNET 提供的三种变量：全局变量、状态变量和临时变量。

① 全局变量。顾名思义，全局变量拥有全局的作用域，它类似于 C/C ++ 语言中的全局变量，为 OPNET 的不同进程提供了一个信息共享的区域，而且可被所有进程访问和修改。全局变量是在进程的 Header Block （HB） 区域中定义的，可以使用 C/C ++ 语言的数据类型和 OPNET 自定义的数据类型，一般采用先定义，然后声明引用的方法，即它在某一个进程里被主声明，在其他需要调用它的进程中用 "extern" 进行外部声明。

② 状态变量。状态变量是在单个进程中保持专属于该进程的变量，为整个进程范围的 "全局变量"。状态在不同的进程之间切换，保持值不变。状态变量的私有性决定了它只能在该进程中使用，别的进程不能直接访问它，当然通过调用一些函数，它还是能够被获知的。状态变量需要在初始化过程中进行赋值，节点的一些统计变量一般采用状态变量。

③ 临时变量。在进程模型中，临时变量是使用最频繁的变量，它用来暂存数据，而且不要求这些数据保持不变。临时变量的生成期最短，也不需要在进程的两次调用之间保持不变，例如，for 循环中定义的自加/减变量 i，因为只是使用上需要，并不关注它运行的结果，所以使用临时变量。需要注意的是，由于前一个事件驱动的处理过程使用的临时变量，在下一次再进入该处理过程时会发生改变，因此临时变量不适用于存储定量的环境。

（3）共享内存机制。

为了支持进程间的协同运作，OPNET 还提供三种参数传递的接口内存，它们分别是同模块共享内存（module memory）、父子共享内存（parent-to-child memory） 和参数内存（argument memory），它们的作用范围依次减小，因此用在不同的场合。下面讨论三种进程间内存共享机制。

① 同模块共享内存。通过 op_pro_modmem_install（）函数和 op_pro_modmem_access（）函数访问。为了保证进程间通信机制，各个进程应当遵循共享内存的数据类型，因而共享内存的数据结构定义应当放在外部定义头文件 ".h" 中，并包含在每个进程的 header block 中。共享内存一开始是没有的，由进程来决定什

么时候分配以及分配多大，这些通过 op_pro_modmem_access() 函数来完成。内存的分配一般是通过 op_prg_meme_alloc() 函数来完成的。Module 内存用得最普遍，所有隶属于某个进程模块的进程都能够使用，它的作用范围仅次于全局变量。

② 父子共享内存。只有以父、子关系联系在一起的进程才能访问的私有共享内存。这种共享内存只能在子进程由 op_pro_create() 函数产生，而由 op_prg_mem_alloc() 函数分配，且不能被替换。通过 op_pro_parmem_access() 函数访问。通过 op_pro_invoke() 函数通知对方对共享内存的内容进行的修改以及对内容的检查。值得注意的是，它只能在父进程创建子进程时和子进程句柄绑定一次，此后子进程都可以使用该内存。parent-to-child memory 的作用域小于 module memory 的作用域。

③ 参数内存。Argument 内存共享基于每次中断的调用，当父进程调用子进程时，可以针对此次中断将特定的数据传给子进程。将内存地址作为 op_pro_invoke() 函数的参数传给别的进程用于通信，通过 op_pro_argmem_access() 函数来完成访问。与前两个不同的是，这部分内存不是永恒的。它的作用范围小于 parent-to-child memory 的。

（三）OPNET 仿真机制

本部分主要介绍 OPNET 的仿真机制，包括离散事件仿真机制和信息传递机制。OPNET 采用一种事件的驱动机制来推动仿真程序的运行，事件驱动是 OPNET 仿真软件运行的基本机制。OPNET 中各模块之间以及模块内部之间需要通过特定的信息传递机制来传递请求、中断、信息和命令等内容。下面分别介绍 OPNET 的事件驱动机制和信息传递机制。

1. 离散事件仿真机

OPNET 采用离散事件驱动（discrete event driven）的模拟机理，其中"事件"是指网络状态的变化。也就是说，只有网络状态发生变化，模拟机才工作；网络状态不发生变化的时间段不执行任何模拟计算，即被跳过。离散事件驱动的模拟机计算效率与时间驱动的计算效率相比，得到了很大的提高。为了很好地理解离散事件仿真机制，首先理解以下几个概念。

（1）OPNET 中仿真时间和仿真事件。

在 OPNET 的仿真过程中，为系统模型产生一系列的状态。模型随着时间的变化而经历这些状态，更准确地说，这种变化代表了仿真模型随着时间变化而变化的功能。OPNET 中仿真时间和仿真运行时间有着本质的区别，OPNET 仿真时间只是设定的仿真实际系统运行的时间，是 OPNET 仿真推进的时间。根据仿真模型的复杂程度，仿真时间可以比仿真运行时间长，也可以比仿真运行时间短。

OPNET 的仿真是一种基于离散事件的仿真方法，该仿真方法将仿真分解为一个个相互独立的事件点。OPNET 模型采用一定的方法来响应这些事件点。OPNET 既支持并行程序运行，也支持分布式系统的运行。因此，多个事件点可以在不同的仿真时刻分别发生，也可以在同一仿真时刻同时发生。

仿真时间的推进随着事件的发生而单调递增。具体来说，在 0 秒时执行一个事件，机器运行 5 秒（仿真运行时间），之后仿真核心接着触发下一个事件，随着这个事件的执行，系统的仿真时间推进到 5 秒（仿真时间）。在进程模型中，可以通过调度将来的某个时刻的事件来更新仿真时间。例如，当前时刻执行语句 op_intrpt_schedule_self(op_sim_time( ) + 仿真推进的时间 T，中断码) 后，下一个事件的执行将使仿真时间推进 T 秒。在上例中，如果等于 0 秒，则下一事件没有对仿真时间的推进作任何贡献。

总之，执行事件不需要任何时间，事件和事件之间可能需要消耗仿真时间，但是不消耗物理时间。事件执行过程直至事件执行完毕，仿真时间不推进，但需要物理时间，这个物理时间受机器的 CPU 限制。

（2）离散事件仿真中的事件调度。

OPNET 仿真核心实际上是离散事件驱动的事件调度器（event scheduler），它主要维护一个具有优先级的队列，它按照事件发生的时间对其中的工作排序，并遵循先进先出（first in first out，FIFO）顺序执行事件。OPNET 采用的离散事件驱动模拟机理决定了其时间推进机制：仿真核心处理完当前事件 A 后，把它从事件列表（event list）中删除，并且获得下一事件 B（这时事件 B 变为中断 B，所有的事件都渴望变成中断，但是只有被仿真核心获取的事件才能变成中断，事件有可能在执行之前被进程销毁），如果事件 B 发生的时间 $t2$ 大于当前仿真时间 $t1$，OPNET 将仿真时间（simulation time）推进到 $t2$，并触发中断 B；如果 $t1$ 等于 $t2$，仿真时间将不推进，直接触发中断 B。

仿真开始时，事件队列中至少包含一个未被执行的事件存在，仿真从第一个事件的执行开始。初始化的调度事件引发仿真的开始，并不断地引发其他调度事件。一旦仿真开始，事件队列就会随着新事件的调度以及旧事件的执行或消失而增大或缩小，每一次仿真都会引起事件队列长度的变化。由于未来的可知事件被调度并存放在事件队列中，只要事件队列中还有事件未被执行，仿真就将继续进行。如果事件队列为空，即最后一个事件也已经执行，则仿真随之终止，除非最后的事件有调度新的事件。当事件队列为空时，不管仿真时间是否完成，仿真都结束。

有时可能会出现仿真时间始终停留在某个时间点上的情况，这肯定是由于程序的逻辑错误导致的，具体来说，就是在某个时刻循环触发事件。例如，在某个循环语句中执行了以下语句 op_intrpt_schedule_self（op_sim_time（），中断码），这样仿真核心永远处理不完当前时刻的事件，因此仿真总是无法结束。仿真结束的条件有两个：① Event List 为空；②仿真时间到达设定的时间。

（3）事件优先级的判定。

假如同一时刻有多个事件存在仿真核心事件列表中，那么它们将按照先进先出的顺序被仿真核心处理，我们很难确定这些事件执行的优先级。若在时间上不能区分事件优先级，那只好手动设定事件优先级来区分同一时间内事件执行的顺序。OPNET 提供了三种方法：在进程界面上设置事件优先级；编程指定特定事件优先级；增加冗余的红色状态。

① 在进程模型的 Process Interfaces 中设定优先级（priority）属性值，这个值越大代表优先级越高。设定之后所有由该进程产生的事件都采用这个优先级，因此它也可以称为进程优先级。

② 编程实现 op_intrpt_priority_set（事件类型，事件代码，事件优先级）。

③ 增加冗余的红色状态，这种方法在初始化时最常用到，也可以称为零时刻多次触发事件。

2. 信息传递机制

在使用 OPNET 进行仿真时，其仿真模型都可以归结为由若干相互连通的子系统组成的分布式系统。这些子系统之间主要依靠特定的信息传递机制来传递请求、中断、信息和命令等内容。子系统之间的通信，既可以指不同节点之间的通信，也可以指同一节点模型的不同模块的通信。这些信息传递机制包括基于包的通信，应用接口控制信息进行通信和基于通信链路进行通信等信息传递机制。下面分别介绍这几种信息传递机制。

（1）基于包的信息传递机制。

OPNET 采用基于包的信息传递机制来模拟实际物理网络中包的流动（包括在网络设备间的流动和网络设备内部的处理过程）、模拟实际网络协议中的组包和拆包的过程（可以生成、编辑任何标准的或自定义的包格式）。此外，还可以在模拟过程中察看任何特定包的包头（header）和净荷（payload）等内容。

数据包是 OPNET 为支持基于信息源（message-oriented）通信而定义的数据

结构。数据包被看作是对象，可以动态创建、修改、检查、拷贝、发送、接收和销毁。数据包在 OPNET 中可以有以下几种通信传输机制：在节点层次，通过包流通信；在网络层次，通过链路通信；在节点模型之间，采用包传递的方式通信。下面介绍包流和包传递的概念和区别。

包流——支持包在同一节点模型的不同模块间传输包的物理连接，具体来说，它是源模块的输出端口和目的模块输入端口间的物理连接。包流通常分为源模块的输出流（output stream）和目的模块的输入流（input stream）。

包传递——实现包在节点模型之间直接传输而不通过链路连接（即节点间没有物理连接，不管这些模型在网络中的位置以及它们之间有没有物理连接）。但是，包传递需要通过指定对象 ID（Objid）来指定目的模块。

在 OPNET 仿真中提供了三种判断通过数据流传送数据并通知目的节点数据包到达的方法。

① 非强制调度模式：目的模块需要通过数据流的中断获知数据包的到达，需要等待目的模块正在服务的其他高级中断完成后才可以引起中断。

② 强制模式：在数据包通过包流到达目的模块后，立即引发进程中断这样目的模块就可以立即知道数据包到达了。当比较急迫的事件到达时，可以采用这种方法。

③ 静止模式：在数据包到达后并不引起中断，只是将数据包插入到输入队列的存储区中，只有等从数据包队列取出该数据包处理完成时，该进程才算完成。

为了支持以上各种包传输模式，还必须设置相应的包流"中断模式"（intrpt mode）属性，它有三种可选值，分别是 scheduled，forced，quiet。

（2）应用接口控制信息进行通信。

基于接口控制信息（interface control information，ICI）的信息传递机制和基于包的信息传递机制类似，但 ICI 数据结构比包数据结构简单，它摒弃了包结构中封装的概念而只包含用户自定义的域。ICI 是与事件关联的用户自定义的数据列表，它以事件为载体，可以用在各种有关事件调度的场合，而且比包的应用范围更广。

ICI 是仿真中进程动态创建的对象，以 ICI 格式文件名为输入参数，调用 op_ici_create( ) 函数可以返回一个相应的 ICI 指针，它将作为所有后续操作的依据。为了将一个 ICI 与一个事件关联，仿真核心采用一种称为绑定（installation）的机制。在一个时刻一个进程一次最多只能绑定一个 ICI，具体来说，如果进程多次调用 op_ici_install( ) 函数绑定 ICI，最后一个才是真正起作用的。绑定 ICI 后，对于进程生成的新事件，仿真核心自动将绑定的 ICI 地址与该事件相关联，对于后续事件也做相同处理，直到进程绑定另一个 ICI（称为 ICI 更新）为止。一般来说，某个 ICI 只针对特定事件，而对于后续事件，该 ICI 是没有意义的，但是默认情况下仿真核心仍会将后续事件与之关联，为了避免这种情况可以调用 op_ici_install(OPC_NIL) 函数拆除当前 ICI 的绑定（绑定空指针即拆除）。实际上，如果某个事件不需要 ICI，但是意外地与 ICI 关联，也不会对仿真产生任何负面影响。

（3）基于通信链路通信。

基于数据包的通信适用于数据包在同一个节点内部的不同模块之间的通信，而当数据包传输到其他节点时，就需要使用通信链路进行不同节点间的通信。OPNET 支持三种常用的物理链路形式：点对点链路（point-to-point）、总线链路（bus）、无线链路（radio）。为了描述它们的物理特性上的各个特点，分别采用一系列管道阶段（pipelinestage，OPNET 将信道对包产生的传输效果建模为若干计算阶段）去模拟。

① 点对点链路。点对点链路是连接一对单独节点的通信链路，表示数据包的点对点的传输，共有两种类型：单向点对点链路和双向点对点链路。在点对点连接的两个节点内部必须有数据的发送和接收装置。点对点链路经历了 4 个管道阶段计算：传输延时、传播延时、错误分配和错误纠正。

② 总线链路。总线链路可以将一个数据包自动传送到多个目的地，总线链路通信可以用来模拟局域网和广播型网络。总线链路也是通过节点内部的数据收发模块连接到总线的，但是与点对点链路不同的是，这里的数据收发模块需要使用总线的数据收发模块。总线共有 6 个管道阶段模块：传输延时、链路闭锁、传播延时、冲突检测、错误分配和错误纠正。其中，第一个阶段针对每个传输只计算一次，而后面的五个阶段针对各个可能接收到这次传输的接收器分别计算一次。与点对点链路相比，总线链路最大的特点是可供多个收信机同时接收信号，而发信机端的传输延时计算一次。

③ 无线链路。无线链路则用来模拟各种无线信道误码特性、数据成功率、数据服务质量和抗干扰能力等主要性能指标。但是无线链路不存在独立的链路实体，而是一种广播媒介，每个传输都可能影响整个网络系统中的多个接收终端，所以仿真一个无线数据包的传输要考虑发射信道和所有可能接收信道的组合。无线链路共有 13 个管道阶段，其中，对于收信机来说有 8 个管道阶段。

④ 有限链路。当我们自己定义有线链路时，需要设定有线链路所支持的封包格式、数据传输率等属性，并且要和收发信机支持的封包格式、数据传输率保持一致。在有线链路编辑器对话框中设定的链路类型会决定有线链路是点对点单工链路（ptsimp）、点对点双工链路（ptdup）还是总线链路（bus 或 bus tap）。建好拓扑后通常还需要验证链路间的连接性，如果链路支持的包格式不匹配，则将导致连接失败。

四、仿真结果的处理

（一）收集统计量

1. 收集矢量统计量

基于结果收集的范围，矢量统计量可以分为本地统计量（local statistics）和全局统计量（global statistics）两种。本地统计量只针对某个模块，其结果只反映单个模块的行为。全局统计量针对整个网络模型，关注整个网络的行为和性能。例如，对网络包的端到端延时性能的测试，它并不关心某个包的源和目的地，只关心所有包的延时性能的统计结果。如果一个节点模型发送一系列数据包，希望统计发送包的个数，这时可以编程将包数分别写入一个本地统计量和全局统计量中。假如，在工程中用到了两个这样的节点，那么本地统计量是指查看每一个节点发送的数据包数，而全局统计量则是指这两个节点共同发送的数据包数。

OPNET 提供四种矢量统计量收集模式（capture mode）供用户选择，增强多角度观察网络性能的支持。这四种收集模式分别是：all value（收集所有的值）；sample（采样收集，每间隔多少秒钟收集一次）；bucket（桶状收集，在一定范围内将结果叠加后平均）；glitch removal（去除毛刺，两个结果在同一时刻发生，往往只要最后一个值，或舍去值过大过小的点，使结果平滑，在无线链路上比较常用）。

2. 收集标量统计量

标量文件的收集是由用户手动完成的，因为对于一次仿真，一个标量统计量只有一个值，所以一般将某个仿真属性设置为多个取值，然后运行仿真序列（simulation sequence）。这时 OPNET 会根据设定值的个数运行相应次数的仿真，每次仿真对应一种参数设置并产生一个结果值。在进程模型中，每次仿真结束时将这些单个结果值写入标量文件中，多个仿真就有一系列值。

例如，在仿真的一个参数取值为 M ~ N，采样 R 次，仿真完成后将生成 R 个输出结果，最终写入一个标量文件。标量统计量一个重要的用处是查看两组结果之间的关系，通过分析配置工具（analysis configuration）同时加载两个标量统计量，就能产生一个结果随着另一个结果变化而变化的曲线。

（二）查看和导出仿真结果

1. 查看结果

仿真结束后，就可以查看 OPNET 统计结果了。关于统计结果的显示，OPNET 提供了如下多种可选择的方案。

（1）三种视觉效果选择：individual statistic（一幅图只显示一个结果）、stacked statistics（一幅图包含多个结果子图）、overlaid statistics（一幅图重叠显示多个结果）。

（2）图形面板的选择：包括选择横轴、纵轴是否显示，线条大小以及是虚线还是实线。

（3）设置结果显示的风格：可以选择以线性图、离散图或柱状图的风格显示结果。

（4）提供多种结果显示模式：常用的有 as is，即不做任何处理；average，即对曲线取值做取值平均；time_average，即对曲线取值做时间平均。

2. 导出结果

查看结果之后，如果需要将制作仿真报告和将结果图拷贝到文档中，有如下方法可以采用。

（1）使用 Alt + Print Screen 快捷键抓屏，这个快捷键会自动抓取当前活动的 OPNET 窗口。

（2）选中所需的图，按 Ctrl + t 键，会弹出一个保存文件对话框，把要保存的图命名后存储，就可以在相应目录中用画图板打开了。需要注意的是，采用这种方法抓取时，结果图的标题栏的风格会被修改。

（3）OPNET 的结果显示效果局限于颜色和显示风格的调整，由于没有提供特殊图标支持，因此打印在黑白的纸张中很难比较结果的差别。这时前面两种方法便不能满足要求了。如果希望将结果图导出转成原始数据，可以采用以下方法：在要导出的图上单击鼠标右键，从弹出的菜单中选择 Export Graph Data to Spreadsheet，然后会有提示说文件保存在什么地方，一般默认是保存在 C：\ Users

\Administrator\op_admin\tmp 目录下（Administrator 为操作系统的用户名，不同的计算机可能不同）。此时如果计算机上装有微软 Office 软件，可以直接通过 Excel 打开，也可以查找最新的文件找到它，并用剪贴板或 Ultra Edit 等工具打开，显示的是两列或两列以上数据，第一列是仿真时间，其他列是仿真数据，然后就可以用喜欢的软件画出结果图。

除了导出仿真结果，有时需要导出网络拓扑图和节点进程模型结构图，可以从项目编辑器的 Topology→Export Topology→……导出 Project 的几种图形，有 bitmap、html 等格式。节点和进程模型可以从 File 中的 Export Bitmap 导出拓扑图。

（三）发布仿真结果

在设计完拓扑、建好模块并成功运行仿真后，为了将设计的拓扑结果、仿真结果以及模块向外界发布，OPNET 还提供了一些特殊的功能用于产生拓扑或结果报告，并将模块打包，使其方便地在网上传送。下面介绍三种发布仿真结果的方法。

（1）依次选择 Scenarios→Generate Scenario Web Report…产生拓扑信息报告，选择一个路径保存。生成的拓扑报告由一系列链接好的 HTML 文件组成，可以用浏览器打开以进入其内部查看其细节，就好像使用工程编辑器一样。

（2）运行仿真的时候，可以选择 Outputs 下 Reports 中的 generate web report for simulation results，仿真完毕将自动生成结果报告（web report），里面将所有的结果统计量进行分类显示，它被保存在 C：\Users\Administrator\op_admin\ace_web_reports 目录下。

（3）有时候，模块包含的文件数量过多并且文件占存储空间较大，不适合电子邮件传输，这时我们可将其打包，在 File 菜单下点击 Model Files→Package Project Com-ponents，选择需要传输的文件打成一个包，对方接收到后，在 File 菜单下点击 Model Files Expand OPNET Component File Archive 选择 OPNET 包，把包解开即可。

课后练习

1. ADS 物联网仿真的主要应用有哪些？
2. OPNET 的网络环境是什么？

第六章

物联网数据融合技术

第一节 数据融合概述

多传感器数据融合是一个新兴的研究领域，它主要利用多个传感器对某个系统感知的海量数据进行处理。近年来，多传感器数据融合技术逐渐发展成为一门实践性较强的应用技术，交叉多个学科，涉及信号处理、概率统计、信息论、模式识别、人工智能、模糊数学等多方面的理论。

最初数据融合技术主要被用于军事方面，随着技术的发展，人们对它的应用和技术进行了广泛和深入的研究，它的理论和方法也逐渐被广泛用于诸多民事领域，并且在这两个方向上不断深入发展。目前，多传感器数据融合技术已经获得了诸多领域的普遍关注和广泛应用，其理论与方法也成为智能信息与数据处理的一个重要研究领域。

同单个数据源相比，多传感器数据融合除了具有结合同源数据的统计优势外，多种类型的传感器还能提高观测的精度，因此从原则上讲，多传感器数据融合要比单个数据源更有优势。例如，用雷达和红外图像传感器同时探测前方障碍物，利用红外成像传感器能精确判断障碍物的范围，但是不能测量与障碍物之间的间距，而雷达能精确判断障碍物的距离却不能确定它的精确方向，但是如果能有效地结合这两者的数据，就能得到比从其中任何一个数据源获取的障碍物信息更精确的信息。

数据融合技术能满足海量数据处理的需要，同时利用这些信息正确地反映实际情况，它为分析、估计和校准不同形式的信息提供了可能。数据融合技术的实际使用意义如下：

（1）提高了系统信息的利用率；

（2）扩大了系统时间的覆盖率；

（3）扩大了系统空间方面的覆盖率；

（4）提升了系统的生存能力，多个传感器并行工作，当部分传感器出现故障时，系统仍可利用其他传感器获取信息，此时系统仍可以正常运行；

（5）提高了系统的精确度，传感器获取的信息可能会受到各种各样噪声的影响，利用数据融合可以实现同时描述同一对象的多个信息，这样可以降低由测量不精确引起的不确定性，提升系统的精确度；

（6）增强了对目标的检测与识别功能，多个传感器可以对同一目标进行多个角度的特征描述，这些互补的特征信息可以增加系统对目标的了解，提高系统正确决策的能力；

（7）降低系统的投资成本，数据融合利用信息的高利用率可以使得利用多个较廉价的传感器来达到昂贵的单一高精度传感器所能达到的效果，这样就大大降低了系统的成本。

数据融合的产生、形成与发展，是现代科学技术，特别是高新技术、信息技术迅猛发展的结果。实践证明，与单传感器系统相比，运用多传感器数据融合技术在目标探测、跟踪和目标识别等问题方面，能够提高整个系统的时间和空间覆盖率，以及可靠性，增强数据的可信度与精准度，提升系统的实时性和信息利用率等，具有重大的使用价值。

目前数据融合已被多个领域频繁使用，由于各个领域研究的内容广泛而多样，造成了统一定义上的困难。美国国防部三军实验室理事联席会（JDL）对数据融合技术的定义为：数据融合是一个对从单个和多个信息源获取的数据和信息进行关联、相关估计和综合，以获得精确的位置和身份估计，以及对态势和威胁及其重要程度进行全面及时评估的信息处理过程。后来，JDL 将该定义修正为：数据融合是指对单个和多个传感器的信息和数据进行多层次、多方面的处理，包括自动检测、关联、相关估计和组合。

有的专家对上述定义进行了补充和修改，用状态估计来代替位置估计，给出了如下定义：数据融合是一个多层次、多方面的处理过程，这个过程是对多源数据进行检测、关联、相关估计和组合，以达到精确的状态估计和身份估计，以及完整及时的态势评估和威胁估计。这个定义中有三个要点：首先，数据融合是多信源、多层次的处理过程，每个层次代表信息的不同抽象程度；其次，数据融合过程包括数据的检测、关联、估计及合并；最后，数据融合的输出包括低层次上的状态身份估计和高层次上的态势评估。

第二节　数据融合原理

传感器是智能监控系统感知外部和内部信息的器官。具有数据融合能力的智能系统是对人类高智能化信息处理能力的一种模仿。

多传感器数据融合的基本原理就像人们综合处理信息一样，能充分利用多个传感器资源，通过对多传感器及其观测信息的合理支配和使用，把多传感器在空间和时间上可冗余或互补的信息，依据某种准则进行组合，以获得被测对象的一致性解释或描述。

在模仿人脑综合处理复杂问题的数据融合系统中，各种传感器的信息可能具有不同的特性，如实时或非实时、快变或缓变、模糊或确定、相互支持或互补，也可能是互相矛盾和竞争。

多传感器数据融合系统与所有单传感器信号处理和低层次的多传感器数据处理方式相比，单传感器信号处理和低层次的多传感器数据处理都是对人脑信息处理的一种低水平模仿，它们不能像多传感器数据融合系统那样有效地利用多传感器资源。多传感器系统可以更大程度地获得被探测目标和环境的信息量。多传感器数据融合与经典信号处理方法之间存在着本质的区别，其关键在于数据融合所处理的多传感器信息具有更复杂的形式，而且可以在不同的信息层次上出现，这些信息抽象层次包括数据层（即像素层）、特征层和决策层（即证据层）。

随着智能监控技术的发展，多传感器系统在工业与民用方面得到了广泛的应用。如何把多传感器集中于一个测试与控制系统，综合利用来自多传感器的信息，获得被测对象一致性的可靠了解和解释，并做出正确的响应、决策和控制，数据融合无疑有利于改善智能监控系统的性能，使智能监控系统具有专家系统的特征。

第三节　数据融合技术算法

一、数据融合技术

数据融合技术，包括对各种信息源给出的有用信息的采集、传输、综合、过滤、相关及合成，以便辅助人们进行态势或环境判定、规划、探测、验证和诊断。目前常用的数据融合技术传输结构有两种：一种是直接传输模型（见图 6 - 1）；另一种是多跳传输模型（见图 6 - 2）。

二、数据融合算法

目前已有大量的多传感器数据融合算法，基本上可概括为两大类：一是随机

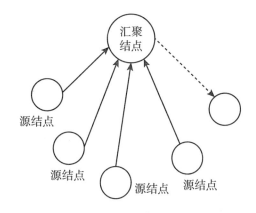

图 6 – 1　直接传输模型

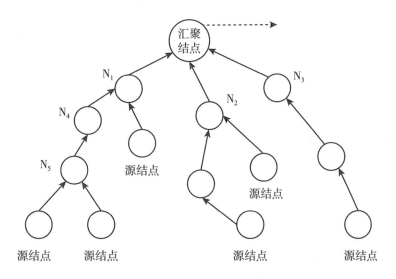

图 6 – 2　多跳传输模型

类方法，包括加权平均法、卡尔曼滤波法、贝叶斯估计法、D-S 证据推理等；二是人工智能类方法，包括模糊逻辑、神经网络等。不同的方法适用于不同的应用背景。目前，神经网络和人工智能等新概念、新技术在数据融合中发挥着越来越重要的作用。本部分将对部分算法做详细介绍。

（一）贝叶斯估计法

1. 贝叶斯算法简介

贝叶斯分类器是一类分类算法的总称，这类算法均以贝叶斯定理为基础，故统称为贝叶斯分类器。朴素贝叶斯分类器是贝叶斯分类器中最简单也是最常见的一种分类方法。朴素贝叶斯算法仍然是流行的十大数据挖掘算法之一，该算法是有监督的学习算法，用来解决分类问题。该算法的优点在于简单易懂、学习效率高，贝叶斯算法在某些领域的分类问题中能够与决策树、神经网络相媲美。

为了讲述贝叶斯分类算法，先从一个经典的例子说起。假设某流行病的感染率为1%，则未被感染者（健康人）的概率为99%，记事件 A 为患病，记事件 B 为不患病，则有 P(A)=1%，P(B)=99%。病人去医院检测为阳性的概率为99%，健康人检测为阳性（误诊）的概率为1%，记 X 为事件检测为阳性，则有：P(X|A)=99%，P(X|B)=1%。

现在有位同学去医院检测结果为阳性，那么这位同学患病的概率是多少？当不知道 P(A)和 P(B)的情况下，直觉上会认为这位同学大概率是患病了；反过来，如果这位同学没有去检测，即只知道 P(A)和 P(B)，我们会根据经验判断他大概率没有患病。这里称 P(A)和 P(B)为先验概率，P(X|A)和 P(X|B)为条件概率，X 为观测值。我们要求的结果为 P(A|X)，即观测为阳性的条件下患病的概率，P(A|X)称为后验概率。贝叶斯定理巧妙地结合了先验知识和观测值，得到最优的结果：

$$P(A|X) = \frac{P(X|A)P(A)}{P(X)} \tag{6-1}$$

根据全概率公式：

$$P(X) = P(X,A) + P(X,B) = P(X|A)P(A) + P(X|B)P(B) \tag{6-2}$$

将式（6-2）代入式（6-1）可得：P(A|X)=0.5，即该同学患病的概率实际为50%。

根据上述贝叶斯公式，可以设计出一个分类器：

$$P(w_i | x) = \frac{P(x | w_i)P(w_i)}{\sum_{i}^{c} P(x | w_i)P(w_i)}, i = 1,2,\cdots,c \tag{6-3}$$

式（6-3）中，w_i 代表第 i 类；$P(w_i)$ 为先验概率；$P(x|w_i)$ 为类条件概率密度。这样就可以通过先验概率和条件概率密度的乘积得到后验概率。

再举个例子说明贝叶斯公式是如何进行分类的：假如我们的任务是区分学校里的男生和女生，观测值为身高（即通过身高判断性别），那么给出一个样本的观测值 x 之后（如160厘米），我们需要知道 $P(x|w_i)$ 和 $P(w_i)$，从而计算出 $P(x|w_i)$。其中，w_1 表示类别为男生，w_2 表示类别为女生。先验概率 $P(w_i)$ 可以通过统计一部分抽样样本的男女比例获得。$P(x|w_i)$ 的含义是类别为 w_1 时身高为 x 的概率，可以由概率密度函数得到（身高应遵循正态分布），而这个概率密度

的函数形式可以通过统计量去近似，这样就可以得到后验概率。

所谓最小错误率，就是求解一种决策规则，使得分类的错误率最大。那么在给定观测值 x 时，直观的选择后验概率最大的那一类作为分类结果即可。若 $P(w_i) = \max_{j=1,2,\cdots,c} P(w_j|x)$，则 $x \in w_i$。

回到检测流行病的例子，假如我们设计了一个贝叶斯分类器，根据先验和观测值判断是否患病。现在考虑错判的损失：如果将一个健康的人判断为患病，那么这个人会受到精神上不必要的压力，这就可以理解为一种损失；但是，如果把一个病人错判为健康，继而错失了治疗的好时机，这个损失则更为严重。因此，在上述贝叶斯公式计算得到的 50% 患病概率基础上，考虑使风险最小化，应当区分患病的类别。引入损失函数 $\lambda(\alpha_i, w_j)$ 表示实际类别为 w_j、决策为 α_i 时带来的损失量，那么给定观测值 x，对其采取决策 α_i 的期望损失为：

$$R(\alpha_i \mid x) = \sum_{j=1}^{c} \lambda(\alpha_i, w_j) P(w_j \mid x) \tag{6-4}$$

上面已经提到，贝叶斯决策需要用到先验概率 $P(w_i)$ 和类条件概率密度 $P(x|w_i)$。其中，先验概率的估计比较简单，只需要根据大量的样本统计每个类别所占的比例，或者根据领域的先验知识直接确定。因此，对概率密度函数 $P(x|w_i)$ 的估计是贝叶斯决策的核心，一般是通过训练数据去估计。在流行病的例子中，x 表示患者患病与否的检测结果，是个二值的观测结果，符合 0－1 分布，比较容易估计。但是在身高测量的例子中，身高 x 是个连续的变量，遵循高斯分布，而高斯分布有两个参数——μ 和 σ，估计起来就相对麻烦。还有观测值概率密度函数分布形式未知的情况，这个时候就没有显式的参数去估计，需要用到非参数估计的方法。

这里首先介绍极大似然估计。极大似然估计适用于概率密度函数形式已知、参数未知且是一个固定值的情况。如概率密度函数为正态分布，但是 μ 和 σ 未知，记 $\theta = [\mu, \sigma]^T$，此时可以将类条件概率密度记作 $P(x|w_i, \theta)$。

在有一定量训练样本的前提下，可以通过这些样本去估计 θ 的值。

对于 N 个训练样本的观测值 x_1，x_2，$\cdots$，x_N，各个样本的联合概率为：

$$l(\theta) = p(x_1, x_2, \cdots, x_N \mid w_i, \theta) = \prod_{i=1}^{N} P(x_i \mid w_i, \theta) \tag{6-5}$$

式（6－5）的含义是：在参数取值为 0 时，得到 x_1，x_2，$\cdots$，x_N 样本的概率，如果充分相信这组样本，即假定这组样本很好地反映了该类下样本观测值的整体分布情况，那么应该取使得 $l(\theta)$ 尽可能大的参数值 $\hat{\theta}$，记作：

$$\hat{\theta} = \arg\max l(\theta) \tag{6-6}$$

式（6-6）的求解方法是代入样本观测值 x_1，x_2，$\cdots$，x_N，对待估计参数求偏导，使得 $dl(\theta)/d\theta = 0$，从而求得 $l(\theta)$ 的极大值。$l(\theta)$ 的极大值所对应的 θ 就是我们要求解的参数。

上面提到训练样本较多时可以很好地反映该类的概率分布函数，在概率分布函数已知的前提下用最大似然估计去估计参数，但是这个前提一定可以保证吗？例如，我们抽样了 5 个女生测量身高，但是这 5 个女生身高都偏高（假设都是 170 厘米），那么用这一组样本估计的 μ 和 σ 是很不准确的。

参数一定是固定形式的未知值吗？极大似然估计假设待估计参数是个固定且未知的值，是否可以将这个参数也看成一个遵循某种分布的随机变量？回到测量身高判断性别的例子，男女生身高的概率密度函数都遵循正态分布，但是这个正态分布的均值参数还要受到地域、年级等因素的影响。考虑将参数看成遵循某种分布（如正态分布）的随机变量，对于女生而言，其身高的正态分布参数 μ 服从均值为 μ_0（如 160 厘米）的正态分布。

将 μ 看作变量，在训练样本量少时可以有效减少噪声带来的误差。参考正态分布的曲线，将 μ 看作固定值其实是一种将其看作随机变量的极端情况（方差为 0）。众所周知，正态分布概率密度函数的积分为 1，所以可以将参数的概率密度分布看作参数在不同取值时的权重分布，参数在不同的取值以不同的权重对决策结果进行贡献，且所有权重的和为 1。如果将参数看作随机变量，它的分布如何确定，如何理解？

如果认为待估计参数 θ 本身服从正态分布，那么这个分布自身也有参数 μ_0 和 σ_0，这两个参数由先验知识确定。再看测量身高的例子，因为班主任比较熟悉班里的同学，所以 μ_0 和 σ_0 可以由班主任给出。例如，女生身高服从均值 160 厘米的正态分布，方差也可以粗略给出，这样引入这个先验知识，可以有效避免极大似然估计在样本量少时的弊端。

参数 θ 的先验分布为 $P(\theta)$，观察等式：$P(x | w_i) = \int P(x_i | w_i, \theta) P(\theta) d\theta$。看起来根据这个参数先验分布 $P(\theta)$ 可以直接得到类条件概率 $P(x|w_i)$，这样就可以直接代入贝叶斯公式得到后验概率 $P(x|w_i)$ 了。然而直接代入求后验概率存在一个严重问题：这期间没有用到训练数据。这个问题的本质是：参数的先验分布是不可靠的，它仅仅只能作为参考。班主任对学生身高的估计只是一种经验，需要用训练数据真正的观测值对这个先验分布进行矫正，这一步的实现也是通过贝叶斯公式。

贝叶斯估计的实现步骤如下。

（1）根据训练样本 D 对参数的先验分布进一步学习，得到参数的后验分布为：

$$P(\theta \mid D) = \frac{P(\theta, D)}{P(D)} = \frac{P(\theta)P(D \mid \theta)}{\int P(\theta, D)d\theta} = \frac{P(\theta)P(D \mid \theta)}{\int P(\theta)P(D \mid \theta)d\theta} \qquad (6-7)$$

$$P(D \mid \theta) = \prod_{k=1}^{n} P(x_k \mid \theta) \qquad (6-8)$$

（2）对参数的后验概率积分，得到类条件概率密度为：

$$P(x \mid w_i, D) = \int P(x \mid \theta)P(\theta \mid D)d\theta \qquad (6-9)$$

（3）将类条件概率密度带入贝叶斯公式，得到后验概率，即决策结果为：

$$P(w_j \mid x, D^*) = \frac{P(w_j)P(x \mid w_j, D_j)}{\sum_{i=1}^{c} P(w_i)P(x \mid w_i, D_j)} \qquad (6-10)$$

2. 朴素贝叶斯分类

（1）朴素贝叶斯分类简介。

朴素贝叶斯分类是经典的机器学习算法之一，其假设属性间相互独立，即特征是同等重要的。但是，现实世界中，事物的属性之间往往是相互联系，存在依赖的。往往是不成立的，对朴素贝叶斯分类的准确性有影响。朴素贝叶斯分类的特点是在假设独立性的条件下，分类结果很好。

朴素贝叶斯是结构最简单的一个贝叶斯分类器，首先，相对于其他机器学习分类算法，其算法复杂度比较低且处理过程也比较简单。其次，它具有扎实的理论基础，易解释且易于实现，最重要的是分类效率比较稳定。朴素贝叶斯分类的基本依据是：对于一个未知的待分类样本，在某事件发生的条件下，对于多个类别，在哪个类别发生的概率高，就将待测样本划分到该类别中。朴素贝叶斯分类器是高度可扩展的，因此需要许多参数与学习问题中的变量（特征/预测器）是线性的。虽然在现实生活中假设朴素贝叶斯模型的属性是相互独立的，但在训练数据良好的情况下，其分类性能可比得上支持向量机甚至神经网络，主要原因是：一方面，参数估计的过程在朴素贝叶斯模型中应用较少，这在一定情况下避免了由于参数估计而产生的误差；另一方面，通过训练集训练出朴素贝叶斯模型后，对于测试集的类别是计算其在不同类别中的概率大小，通过比较这些概率值的大小，选择概率最大的类别确定为未知样本所属的类别。正是由于朴素贝叶斯的这些优点，该分类模型在我们现实生活中应用非常广泛。

图 6-3 为朴素贝叶斯分类的模型图，其中 C 为类别，x_n 为特征变量。

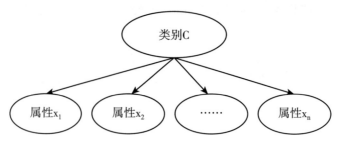

图 6 - 3　NBC

朴素贝叶斯的表达公式：

$$p(c \mid x) = \frac{p(x \mid c)p(c)}{p(x)} = \frac{p(c)}{p(x)} \sum_{i=1}^{p} p(x_i \mid c) \qquad (6-11)$$

其中，d 为条件属性的数量，x 为条件属性，c 为类别。由于我们假设朴素贝叶斯各个条件是相互独立的，所以 p(x|c) 可以变成 $\prod_{i=1}^{d} p(x_i \mid c)$，在 x 属性下，概率值最高的 c 就是 x 所属类别。

在估计 p(x_i|c) 时，当 x_i 的值是离散型的，则需要计算每个属性所占样本的比例值。表达公式为：

$$p(x_i \mid c) = \frac{D_{c,x_i}}{D_c} \qquad (6-12)$$

其中，D_c 表示训练样本 D 中 c 类别的数量，D_{c,x_i} 表示在训练样本 D 中 x_i 条件下 c 类别的数量。

当 x_i 是连续型的，则利用概率密度函数，假设 $p(x_i \mid c) \sim N(\mu_{c,i}, \sigma_{c,i}^2)$，$\mu_{c,i}$，$\sigma_{c,i}^2$ 分别指 c 类样本中第 i 个属性取值的均值和方差，其中 $p(x_i \mid c)$ 的表达式如下：

$$p(x_i \mid c) = \frac{1}{\sqrt{2\pi}\sigma_{c,i}} \exp\left(-\frac{(x_i - \mu_{c,i})^2}{2\sigma_{c,i}^2}\right) \qquad (6-13)$$

（2）基本原理。

假设：已知 m 个特征的 n 个样本 $(x_1^{(1)}, x_2^{(1)}, \cdots, x_m^{(1)})$，$(x_1^{(2)}, x_2^{(2)}, \cdots, x_m^{(2)})$，$\cdots$，$(x_1^{(n)}, x_2^{(n)}, \cdots, x_m^{(n)})$，且其类标号已知。共有 k 个类标号为：$c_1$，$c_2$，$\cdots$，$c_k$。求未知类标号的样本 $X = (x_1, x_2, \cdots, x_m)$ 所属类别。根据贝叶斯定理有：

$$P(c_i \mid X) = \frac{P(X \mid c_i)P(c_i)}{P(X)}$$

$P(c_i)$ 一般可以通过训练集或先验知识求得。由属性相应独立的条件可得：

$$P(X \mid c_i) = P(x_1 \mid c_i) \cdot P(x_2 \mid c_i) \cdots P(x_m \mid c_i)$$

$P(X)$ 可视为常数。

则 X 所属类别为：$\underset{c_k}{\mathrm{argmax}}\,P(c_k|x)$

算法的基本步骤如下：

① 确定特征，获取样本数据，数据预处理。根据具体的应用场景确定特征属性，构建训练集。分类器的质量很大程度上由特征属性、特征属性划分及数据预处理决定。

② 计算先验概率。对每个类计算先验概率 $P(y_i)$。

③ 计算条件概率。对每个特征划分计算条件概率 $P(y_i|x)$。

④ 判断类别。选取 $P(y_i|x)P(y_i)$ 最大值，作为 x 的类别。

（3）分类举例。

已知：训练数据集共有 15 个样本，每个样本有 4 个属性，共有 2 个类别，样本集如表 6 – 1 所示。

试用贝叶斯分类判断：样本 ｛工龄 < 15，收入 > 0.7，工龄 > 8｝是否买房？

表 6 – 1　　　　　　　　　　　训练数据集

序号	性别	收入	工龄	买房
1	男	0.8	10	是
2	女	0.7	16	否
3	女	0.9	2	否
4	男	0.6	10	是
5	女	0.8	4	是
6	男	0.6	2	否
7	男	1.0	8	是
8	男	0.7	5	否
9	女	0.9	6	是
10	女	0.6	4	否
11	男	1.5	30	是
12	男	1.1	22	是
13	女	1.0	10	是
14	女	1.1	15	是
15	女	0.8	8	否

解：

设：ω = ｛工龄 < 15，收入 > 0.7，工龄 > 8｝

计算未买房与已买房的概率

$$P(已买房) = \frac{9}{15} = \frac{3}{5}$$

$$P(未买房) = \frac{6}{15} = \frac{2}{5}$$

计算 $P(未买房|\omega)$ 与 $P(已买房|\omega)$

$$P(工龄<15|未买房) = \frac{5}{6}$$

$$P(收入>0.7|未买房)$$

$$P(\omega|未买房) = P(\omega<15|未买房) \times P(收入>0.7|未买房) \times P(工龄>8|未买房)$$

$$= \frac{5}{6} \times \frac{1}{3} \times \frac{1}{6} = \frac{5}{108}$$

$$P(\omega|未买房) \times P(未买房) = \frac{5}{108} \times \frac{3}{5} = \frac{3}{108}$$

$$P(工龄<15|已买房) = \frac{6}{9} = \frac{2}{3}$$

$$P(收入>0.7|已买房) = \frac{8}{9}$$

$$P(工龄>8|已买房) = \frac{6}{9} = \frac{2}{3}$$

$$P(\omega|已买房) = P(工龄<15|已买房) \times P(收入>0.7|已买房) \times$$

$$P(工龄>8|已买房) = \frac{2}{3} \times \frac{8}{9} \times \frac{2}{3} = \frac{32}{81}$$

$$P(\omega|已买房) \times P(已买房) = \frac{32}{81} \times \frac{2}{5} = \frac{64}{405}$$

$$\frac{P(\omega|未买房)P(未买房)}{P(\omega)} = \frac{\frac{3}{108} \times \frac{3}{5}}{P(\omega)} < \frac{P(\omega|已买房)P(已买房)}{P(\omega)} = \frac{\frac{32}{81} \times \frac{3}{5}}{P(\omega)}$$

因为 $P(未买房|\omega) < P(已买房|\omega)$，所以样本 ｛工龄 <15，收入 >0.7，工龄 >8｝是已买房。

（二）神经网络概述

1. 神经元的结构与工作方式

神经网络算法属于人工智能中的连接主义学派。连接主义又称为仿生学派，认为机器学习应该考察人类神经的工作模式，模仿人脑的工作方式进行学习。因此，神经网络主要着眼于对人类神经元的理解和研究。目前，虽然对于人类众多神经元的精微细致结构还未彻底弄清楚，但是一般的典型神经元结构已经比较明晰了，其基本的连接结构示意图如图6-4所示。

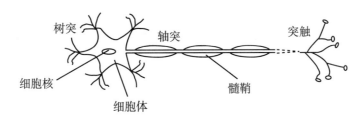

图6-4 典型神经元结构

神经元由细胞体和突起两部分组成。细胞体由细胞核、细胞质及细胞膜构成。细胞膜主要包覆在细胞周围，与细胞外部相隔离。由于人体中有电解质，因此细胞内外有一定的电位差；细胞质是含水大约80%的半透明物质。细胞核是整个细胞最重要的部分，是细胞的控制中心。

突起部分包括树突、轴突和突触。树突是神经元延伸到外部的纤维状结构。这些纤维状结构在离神经元细胞体较近的根部比较粗壮，然后逐渐分叉、变细，像树枝一样散布开来，所以称为树突。树突的作用是接受来自其他神经元的刺激（输入信号），然后将刺激传送到细胞体中。轴突是神经元伸出的一条较长的突起，长度甚至可达1米左右，其粗细一般是均匀的。轴突主要用来传送神经元的刺激，也称为神经纤维。突触是神经元之间相互连接的部位，同时传递神经元的刺激。髓鞘则是包在轴突外部的膜，用来保护轴突，同时也起一定的"屏蔽"作用。

神经元对于外界刺激的响应是阈值型的非线性函数。外部的刺激是以电信号的形式作用于神经元的，如果电位的值没有超过一定的阈值（-55mV），细胞就处在不兴奋的状态，称为静息状态。当外部的刺激使神经元的电位超过阈值，神经元就开始兴奋。神经元兴奋后又恢复到静息状态时，会有一定时间的不应期，也就是在一段时间内，即使神经元受到了新的刺激也不会产生兴奋。在度过不应期之后，当新的刺激来到并突破阈值时，神经元才会再度响应。从此可以看出，神经元的响应是非线性的过程，而且与刺激的强度和频度是有关系的。

刺激在被神经元响应后经过轴突传送到其他神经元，在经过突触与其他神经元接触后进入其他神经元的树突，相当于电子线路中的输入/输出接口。整个过程与信息传递的过程非常类似。

单个神经元与成百上千个神经元的轴突相互连接，可以接收到很多树突发来的信息，在接收到这些信息后神经元就对其进行融合和加工。这种融合和加工的方式比较复杂，但是有一点是肯定的，就是这种融合加工过程是非线性的。当很多个神经元按照这样的方式连接起来后，就可以处理一些外部对神经元的刺激（输入信号）了。

　　受到以上所述的神经元工作方式的启发，连接主义的机器学习专家们得出了一套关于神经网络工作的特点，那就是：神经网络是由大量神经元组成的，单个神经元工作的意义不大；信息处理方式是分布式的，每个神经元既要自行处理一部分信息，同时也要协同工作，将信息送给与之连接的、相应的神经元；神经网络的构成是层级式的，每一层的任务完成后进行下一步的传递；神经元响应刺激（输入信号）是阈值式的，其内部对于信息的处理也是非线性的。

2. 网络模型

　　图 6 – 5 是一个普通的全连接神经网络结构，其中的每个节点称为神经元。神经网络是一个分层结构（这一点跟树模型很像），它至少有一个输入层和一个输出层，输入层上每个神经元代表一个特征，输出层上神经元的个数跟具体的任务有关，比如神经网络要预测一个值，输出层上就只有一个神经元，如果是要解决一个 k 分类问题，输出层上就有 k 个神经元，每个神经元的输出代表属于对应类别的概率。神经网络有 0 个或多个隐藏层，ImageNet 竞赛中已经有人使用了上千层的网络结构。如果第 i 层的任意一个神经元和第 i – 1 层的所有神经元都有连接，则这样的网络称为全连接神经网络，现代神经网络结构千奇百怪，全连接只是其中的一种。

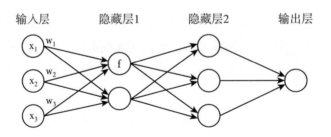

图 6 – 5　全连接神经网络结构

　　有连接意味着上一层的神经元是下一层神经元的输入，这些输入经过一个函数变换后成为下一层神经元的输出。这个变换函数被称为激活函数，最常见的激活函数就是 sigmoid 函数。前文讲过 sigmoid 函数和正态分布的关系，这也是 sigmoid 被广泛应用的原因。

　　用 z 表示激活函数 f 的输入，a 表示输出：

$$z = \sum_i w_i x_i + w_0 b = \sum_i w_i x_i + w_0$$

$$a = f(z) = \sigma(z) = \frac{1}{1 + e^{-z}}$$

图 6-6 中的虚线节点不是神经元（它对应不到图 6-4 中的任何一个节点），它被称为偏置项，取值为 1。偏置的作用是当 x_i 全部取 0 时，z 依然有可能不是 0，此时 z 等于偏置项的系数 w_0。σ 表示 sigmoid 函数，它具有良好的求导性质。

$$\sigma(z)' = \frac{-1}{(1 + e^{-z})^2} \cdot e^{-z} \cdot (-1) = \frac{1}{1 + e^{-z}} \frac{e^{-z}}{1 + e^{-z}} = \sigma(z)(1 - \sigma(z))$$

$$(6-14)$$

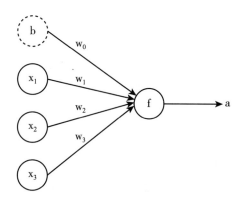

图 6-6 一个神经元上的数据流

在深层神经网络中经常还会使用 tanh 激活函数或 tanh 的变体，即：

$$\tanh\left((z) = \frac{e^z - e^{-z}}{e^z + e^{-z}}\right)$$

tanh 的函数图象跟 sigmoid 很像，只不过 tanh 的值域是 $[-1, 1]$。实际上 tanh 函数经过简单的平移缩放就能得到 sigmoid 函数，即：

$$\sigma(z) = \frac{1 + \tanh\left(\frac{z}{2}\right)}{2}$$

并且 tanh 同样具有良好的求导性质。根据分部求导法，先对分子求导，再对分母求导，即：

$$\tanh'(z) = \frac{e^z + e^{-z}}{e^z + e^{-z}} - \frac{(e^z - e^{-z})(e^z - e^{-z})}{(e^z + e^{-z})^2} = 1 - [\tanh(z)]^2$$

理论上，具有一个隐藏层的神经网络就可以逼近任意复杂的连续函数，只要隐藏层上的神经元足够多。可是现代神经网络都倾向于设计很多的隐藏层，因为实践告诉我们更深的网络比更宽的网络拟合能力要好。这个现象在理论上没有严格的证明，我们只能给一个启发式的解释。对于手写数字识别这个问题，每张图片由 28×28 = 784 个像素构成，每个像素取值 0 或 1，分别代表黑或白。设计一个 3 层神经网络，输入层上有 784 个神经元，对应一张图片上的每个像素，输出层上有 10 个神经元，对应属于 10 个阿拉伯数字的概率，外加一个隐藏层。我们可以想象隐藏层上的每个神经元各自负责识别图片的一个局部特征，如某个神经元只负责判断图片的局部是否为：

如果是，则该神经元就激活（即输出接近于 1），否则就不激活（即输出接近于 0）。同理，隐藏层上的另外 3 个神经元分别负责判断图像的局部是否为：

当图片同时满足这 4 个局部特征时，图像上的数字就是 0，这也就是输出层起的作用。当隐藏层上的上述 4 个神经元都激活时，输出层上的第 1 个神经元就激活，即数字 0 对应的输出值会趋近于 1。通过这个例子可以看出，隐藏层实际上起到了特征构造的作用，输入层上只是最原始的像素特征，而隐藏层上的神经元对应更高级的特征。在深层神经网络中，前面的隐藏层负责识别一些低级的特征（如图像中的分界线），后面的隐藏层在此基础之上识别更高级更抽象的特征（如图像中的拐角），最后输出层就更容易输出正确的结果。深层神经网络的好处就在于此，人们直接把原始数据扔给神经网络即可，不需要像其他机器学习算法那样设计很多特征，神经网络可以自动生成各种有用的特征。其他机器学习算法在给定输入时特征空间就已经确定下来，而深层神经网络在每一个隐藏层上都会产生新的特征。

使用深层网络的前提是拥有大量的数据，否则很容易发生过拟合，使用大数据是缓解过拟合的关键条件。反过来讲，当我们拥有了海量的数据后就应该选择更复杂的模型，因为对于简单的模型，1 千万样本和 1 亿样本没什么区别，它已经学不进去了，而复杂模型的准确率则可以继续提升。

3. 反向传播

用 a_j^l 表示第 l 层上第 j 个神经元的输出，表示第 l−1 层上的第 k 个神经元到第 l 层上的第 j 个神经元之间的连接权重，b_j^l 表示第 l 层上第 j 个神经元的偏置：

$$a_j^l = f(\sum_k w_{jk}^l a_k^{l-1} + b_j^l) \tag{6-15}$$

设神经网络的最后一层为第 L 层，输出层的实际输出为 a^L，期望输出为 y，则单个样本的损失函数为 w_{jk}^l，即：

$$C = \frac{1}{2}\sum_j (y_j - a_j^L)^2$$

$$\frac{\partial C}{\partial w_{jk}^L} = \frac{\partial C}{\partial a_j^L}\frac{\partial a_j^L}{\partial z_j^L}\frac{\partial z_j^L}{\partial w_{jk}^L} = (y_j - a_j^L)f'(z_j^L)a_k^{L-1} \tag{6-16}$$

同理：

$$\frac{\partial C}{\partial b_j^L} = (y_j - a_j^L)f'(z_j^L) \tag{6-17}$$

记：

$$\delta_j^L = \frac{\partial C}{\partial a_j^L}\frac{\partial a_j^L}{\partial z_j^L} = \frac{\partial C}{\partial z_j^L} \tag{6-18}$$

则：

$$\frac{\partial C}{\partial w_{jk}^L} = \delta_j^L a_k^{L-1} \tag{6-19}$$

$$\frac{\partial C}{\partial b_j^L} = \delta_j^L \tag{6-20}$$

$$\delta_k^{L-1} = \frac{\partial C}{\partial z_k^{L-1}} = \sum_j \left(\frac{\partial C}{\partial z_j^L}\frac{\partial z_j^L}{\partial a_k^{L-1}}\frac{\partial a_k^{L-1}}{\partial z_k^{L-1}}\right) = \sum_j \delta_j^L w_{jk}^L f'(z_k^{L-1}) \tag{6-21}$$

把 L 换成任意层 l(l>1)，式（6-6）、式（6-7）、式（6-8）依然成立。在一次正向计算中，根据输入层的 x 得到输出层的 a，这期间得到的每一个神经元的 a_k^l 和 $f'(z_k^l)$ 都要保存下来，因为根据式（6-6）~式（6-8），它们在反向计算梯度的时候要用到。正向计算输出和反向计算梯度的时间复杂度是一样的，这种高效的学习方法被称为反向传播。

4. 损失函数

神经网络解决二分类问题时最后一层上只有一个神经元，采用 sigmoid 激活函数；解决多分类（K 个类别）问题时最后一层上有 K 个神经元，采用 softmax 激活函数。二分类是多分类的特例，sigmoid 是 softmax 的特例，本节就以 softmax 为例来证明损失函数采用交叉熵比误差平方和要好。在最后一层上，有：

$$z_j^L = \sum_i w_{ji}^L a_i^{L-1} + w_{j0}^L$$

$$a_j^L = \frac{e^{z_j^L}}{\sum_k e^{z_k^L}}$$

$$\delta_j^L = \frac{\partial C}{\partial z_j^L} = \frac{\partial C}{\partial a_j^L} \frac{\partial a_j^L}{\partial z_j^L}$$

$$= \frac{\partial C}{\partial a_j^L} \left[\frac{e^{z_j^L}}{\sum_k e^{z_k^L}} - \frac{(e^{z_j^L})^2}{(\sum_k e^{z_k^L})^2} \right]$$

$$= \frac{\partial C}{\partial a_j^L} a_j^L (1 - a_j^L)$$

如果损失函数 C 采用误差平方和，那么，$\delta_j^L = (y_j - a_j^L) a_j^L (1 - a_j^L)$，$a_j^L (1 - a_j^L)$ 就是 sigmoid 函数的导数，很容易趋近于 0，采用梯度下降法训练 w 时，最后一层的 w^L 因梯度太小而很难继续更新。如果采用交叉熵损失函数，这个问题就不存在了。最小化交叉熵跟最大化似然函数是等价的，对于一个样本，如果它属于第 j 个类别，那么似然函数就是 a_j^L，极大值似然函数就是 $\max a_j^L$，即 $\max \ln a_j^L$。损失函数取其相反数 $C = -\ln a_j^L$，$\partial C / \partial a_j^L = -1/a_j^L$，于是 $\delta_j^L = a_j^L - 1$，此时就不用担心 sigmoid 函数进入平坦区域导致梯度为 0 了。

第四节　物联网数据管理技术

在物联网实现中，分布式动态实时数据管理是其以数据中心为特征的重要技术之一。该技术通过部署或者指定一些节点作为代理节点，代理节点根据感知任务收集兴趣数据。感知任务通过分布式数据库的查询语言下达给目标区域的感知节点。在整个物联网体系中，传感器网络可作为分布式数据库独立存在，实现对客观物理世界的实时、动态的感知与管理。这样做的目的是，将物联网数据处理方法与网络的具体实现方法分离开来，使用户和应用程序只需要查询数据的逻辑结构，而无须关心物联网具体如何获取信息的细节。

一、传感器网络的数据管理系统

（一）物联网数据管理系统的特点

数据管理主要包括对感知数据的获取、存储、查询、挖掘和操作，目的就是把物联网上数据的逻辑视图和网络的物理实现分离开来，使用户和应用程序只需关心查询的逻辑结构，而无须关心物联网的实现细节。

物联网数据管理系统的特点如下：

（1）与传感器网络支撑环境直接相关；

（2）数据需在传感器网络内处理；

（3）能够处理感知数据的误差；

（4）查询策略需适应最小化能量消耗与网络拓扑结构的变化。

（二）传感器网络的数据管理系统结构

目前，传感器网络的数据管理系统结构主要有集中式结构、半分布式结构、分布式结构和层次式结构四种类型。

（1）集中式结构：节点将感知数据按事先指定的方式传送到中心节点，统一由中心节点处理。这种方法简单，但中心节点会成为系统性能的瓶颈，而且容错性较差。

（2）半分布式结构：利用节点自身具有的计算和存储能力，对原始数据进行一定的处理，然后再传送到中心节点。

（3）分布式结构：每个节点独立处理数据查询命令。显然，分布式结构是建立在所有感知节点都具有较强的通信、存储与计算能力基础之上的。

（4）层次式结构：无线传感器网络的中间件和平台软件体系结构主要分为四个层次，即网络适配层、基础软件层、应用开发层和应用业务适配层，其中网络适配层和基础软件层组成无线传感器网络节点嵌入式软件（部署在无线传感器网络节点中）的体系结构，应用开发层和基础软件层组成无线传感器网络应用支撑结构（支持应用业务的开发与实现）。在网络适配层中，网络适配器是对无线传感器网络底层（无线传感器网络基础设施、无线传感器操作系统）的封装。基础软件层包含无线传感器网络的各种中间件。这些中间件构成了无线传感器网络平台软件的公共基础，并提供了高度的灵活性、模块性和可移植性。

（三）典型的传感器网络数据管理系统

传感器网络数据管理系统是一个提取、存储、管理传感器网络数据的系统，核心是传感器网络数据查询的优化与处理。目前具有代表性的传感器网络数据管理系统主要包括 TinyDB、Cougar 和 Dimension 系统。

1. TinyDB 系统

TinyDB 系统是由加州伯克利分校开发的，它为用户提供了一个类似于 SQL 的应用程序接口。TinyDB 系统主要由 TinyDB 客户端、TinyDB 服务器和传感器网络三部分组成，如图 6 – 7 所示。TinyDB 系统的软件主要分为两大部分：第一部分是传感器网络软件，运行在每个传感器节点上；第二部分是客户端软件，运行在 TinyDB 客户端和 TinyDB 服务器上。

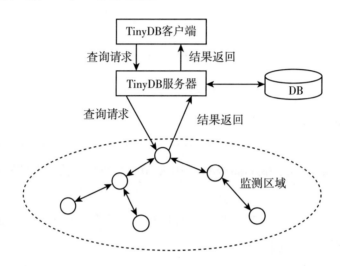

图 6 – 7　TinyDB 系统的结构

TinyDB 系统的客户端软件主要包括两个部分：第一部分实现类似于 SQL 的 TinySQL 查询语言；第二部分提供基于 Java 的应用程序组成，能够支持用户在 TinyDB 系统的基础上开发应用程序。

TinyDB 系统的传感器网络软件包括四个组件，分别为网络拓扑管理器、存储管理器、查询管理器、节点目录和模式管理器。

（1）网络拓扑管理器管理所有节点之间的拓扑结构和路由信息。

（2）存储管理器使用了一种小型的、基于句柄的动态内存管理方式。它负责分配存储单元和压缩存储数据。

（3）查询管理器负责处理查询请求。它使用节点目录中的信息获得节点的测量数据的属性，负责接收邻居节点的测量数据，过滤并且聚集数据，然后将部分处理结果传送给父节点。

（4）节点目录和模式管理器负责管理传感器节点目录和数据模式。节点目录记录每个节点的属性，如测量数据的类型（声、光、电压等）和节点 ID 等。传感器网络中的异构节点具有不同的节点目录。模式管理器负责管理 TinyDB 的数据模式，而 TinyDB 系统采用虚拟的关系表作为传感器网络的数据模式。

2. Cougar 系统

Cougar 系统是由康奈尔大学开发的。它将传感器网络的节点划分为簇，每个簇包含多个节点，其中一个作为簇头。Cougar 系统使用定向扩散路由算法在传感器网络中传输数据，信息交换的格式为 XML。

Cougar 系统由三个部分组成：第一部分是用户计算机 GUI 界面，运行在用户计算机上；第二部分是查询代理，运行在每个传感器节点上；第三部分是客户前端，运行在选定的传感器节点上。图 6 – 8 显示了 Cougar 系统的结构。

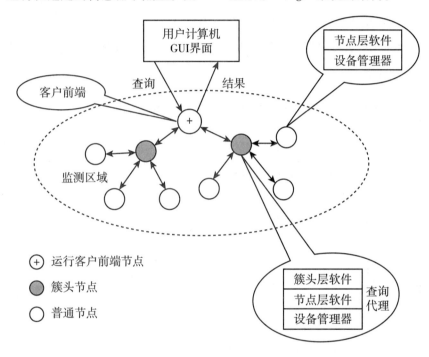

图 6 – 8　Cougar 系统的结构

客户前端负责与用户计算机和簇头通信，它是 GUI 和查询代理之间的界面，相当于传感器网络和用户计算机之间的网关。客户前端和 GUI 之间使用 TCP/P 协议通信，将从 GUI 获取的查询请求发给簇头上运行的查询代理，并从簇头接收查询结果，还对查询结果进行相关处理（如过滤或聚集数据），然后将处理结果发给 GUI。客户前端也可以把查询结果传输到远程 MySQL 数据库中。

用户计算机 GUI 界面是基于 Java 开发的，它允许用户通过可视化方式或输入 SQL 语言发出查询请求，也允许用户以可视化方式观察查询结果。GUI 中的 Map 组件可以使用户浏览传感器网络的拓扑结构。

查询代理由簇头层软件、设备管理器和节点层软件三部分组成。簇头层软件只在簇头中运行；设备管理器负责执行感知测量任务；节点层软件负责执行查询任务。当收到查询请求时，节点层软件从设备管理器获得需要的测量数据，然后对这些数据进行处理，最后将结果传送到簇头。在簇头中运行的簇头层软件负责接收来自簇内成员的数据，然后进行相关处理，如过滤或聚集数据，最后把结果传送到发出查询的客户前端。

3. Dimension 系统

Dimension 系统是由加州大学洛杉矶分校开发的。它的设计目标是提供灵活的时域和空域结合的查询。这种查询的灵活性表现在，用户可以对传感器网络中的数据进行时域和空域的多分辨率查询。用户可以指定在时域和空域内的查询精度，Dimension 系统可以按照指定精度进行查询。这种查询提供了一种针对细节的数据挖掘功能。

（四）无线传感器网络数据管理的主要技术挑战

尽管无线传感器网络的数据管理技术取得了很大的进展，但还有一些问题尚未完全解决。总的说来，还面临着以下若干挑战。

（1）需要研究能够降低响应时间的传感器网络数据管理技术。目前的传感器网络数据管理系统的优化目标主要集中在降低能量消耗，然而，对于某些实时监测要求，缩短响应时间也是重要的优化目标。

（2）需要研究可靠、安全的传感器网络数据管理技术。一方面，可以采用数据传输层技术保护可靠的传输；另一方面，可以考虑运用数据加密技术保障安全的查询。

（3）需要研究用于传感器网络数据管理系统的协同技术。用户提交的查询往往需要由多个传感器节点的数据协调计算得出。针对具体的应用需求，可以充分利用信息的冗余性的协同技术。

（4）需要进一步优化目前的传感器网络数据管理系统，从而提高可扩展性、容错性，并且降低能量消耗和响应时间。例如，可以进一步优化数据聚集技术，或者提高传感器在采集数据时对环境变化的自适用性，以降低能量消耗和缩短响应时间。

无线传感器网络的数据管理技术的研究尚待深入，数据模型的研究成果无法表达感知数据的语义，不适合感知数据的特点；数据操作算法的研究仅考虑了聚集操作，大量的数据操作算法无人问津；WSN 应用中，经常使用的实时查询的优化与处理没有被考虑；支持数据管理的通信协议至今很少见；等等。总之，大量问题亟待解决。

二、数据模型、存储及查询

目前关于物联网数据模型、存储、查询技术的研究成果很少，比较有代表性的是针对传感器网络数据管理的 Cougar 和 TinyDB 两个查询系统。

在传感器网络中进行数据管理，有以下几个方面的问题：

（1）感知数据如何真实反映物理世界；

（2）节点产生的大量感知数据如何存放；

（3）查询请求如何通过路由到达目标节点；

（4）查询结果存在大量冗余数据，如何进行数据融合；

（5）如何表示查询，并进行优化。

因而，传感器网络中的数据管理需研究的内容主要包括数据获取技术、数据存储技术、数据查询处理技术、数据分析挖掘技术及数据管理系统的研究。

数据获取技术主要涉及传感器网络和感知数据模型、元数据管理技术、传感器数据处理策略、面向应用的感知数据管理技术。

数据存储技术主要涉及数据存储策略、存取方法和索引技术。

数据查询技术主要包括查询语言、数据融合方法、查询优化技术和数据查询分布式处理技术。

数据分析挖掘技术主要包括 OLAP 分析处理技术、统计分析技术、相关规则等传统类型知识挖掘、与感知数据相关的新知识模型及其挖掘技术、数据分布式挖掘技术。

数据管理系统主要包括数据管理系统的体系结构和数据管理系统的实现技术。

（一）基于感知数据模型的数据获取技术

在传感器网络中对数据进行建模，主要用于解决以下四个问题。

（1）感知数据的不确定性。节点产生的测量值由于存在误差并不能真实反映物理世界，而是分布在真值附近的某个范围内，这种分布可用连续概率分布函数来描述。

（2）利用感知数据的空间相关性进行数据融合，减少冗余数据的发送，从而延长网络生命周期。同时，当节点损坏或数据丢失时，可以利用周围邻居节点的数据相关性特点，在一定概率范围内正确发送查询结果。

（3）节点能量受限，必须提高能量利用效率。根据建立的数据模型，可以调节传感器节点工作模式，降低节点采样频率和通信量，达到延长网络生命周期的目的。

（4）方便查询和数据分布管理。

（二）数据存储与索引技术

数据存储策略按数据存储的分布情况可分为以下三类。

（1）集中式存储：节点产生的感知数据都发送到基站节点，在基站处进行集中存储和处理。这种策略获得的数据比较详细、完整，可以进行复杂的查询和处理，但是节点通信开销大，只适合于节点数目比较小的应用场合。美国加州大学伯克利分校在大鸭岛上建立的海鸟监测试验平台就是采用这种策略。

（2）分布式存储和索引：感知数据按数据名分布存储在传感器网络中，通过提取数据索引进行高效查询，相应的存储机制有 DIMENSIONS、DIFS、DIM 等。

DIMENSIONS 采用小波编码技术处理大规模数据集上的近似查询，有效地以分布式方式计算和存储感知数据的小波系数，但是存在单一树根的通信瓶颈问题。

DIFS 使用感知数据的键属性，采用散列函数和空间分解技术构造多根层次结构树，同时数据沿结构树向上传播，防止了不必要的树遍历。DIFS 是一维分布式索引。

多维数据分布式索引（distributed index for multidimensional data，DIM）是多维查询处理的分布式索引结构，使用地理散列函数实现数据存储的局域性，把属性值相近的感知数据存储在邻近节点上，减少计算开销，提高查询效率。

（3）本地化存储：数据完全保存在本地节点，数据存储的通信开销最小，但查询效率低下，一般采用泛洪式查询，当查询频繁时，网络的通信开销极大，并且存在热点问题。

（三）数据查询处理

传感器网络中的数据查询主要分为快照查询和连续查询。快照查询是对传感器网络某一时间点状况的查询；连续查询则主要关注某段时间间隔内网络数据的变化情况。查询处理与路由策略、感知数据模型和数据存储策略紧密相关，不可分割。当前的研究方向主要集中在以下几个方面。

（1）查询语言研究。这方面的研究目前比较少，主要是基于 SQL 语言的扩展和改进。

TinyDB 系统的查询语言是基于 SQL 的，康奈尔大学的 Cougar 系统提供了一种类似于 SQL 的查询语言，但是其信息交换采用 XML 格式。

（2）连续查询技术。在传感器网络中，用户的查询对象是大量的无限实时数据流，连续查询被分解为一系列子查询提交到局部节点进行执行。子查询也是连续查询，需要扫描、过滤、综合数据流，产生部分的查询结果流，经过全局综合处理后返回给用户。局部查询是连续查询技术的关键，由于节点数据和环境情况动态变化，局部查询必须具有自适应性。

（3）近似查询技术。感知数据本身存在不确定性，用户对查询的结果的要求也是在一定精度范围内的。采用基于概率的近似查询技术，充分利用已有信息和模型信息，在满足用户查询精度的要求下减少不必要的数据采集和数据传输，将会提高查询效率，减少数据传输开销。

（4）多查询优化技术。在传感器网络中一段时间间隔内可能进行着多个连续查询，多查询优化就是对各个查询结果进行判别，减少重叠部分的传输次数，以减少数据传输量。

课后练习

1. 数据融合的目的与定义是什么？
2. 数据融合原理是什么？

第七章

物联网技术应用开发案例

基于物联网技术的循环养殖水箱环境监控系统设计与开发

一、研究背景与意义

我国作为人口大国，对水产品的需求也日益增大。依靠传统捕捞已经满足不了人们对水产品日益增长的需求，因此要大力发展水产养殖业，这给养殖户带来了许多机遇与挑战。我国作为传统的水产养殖大国，水产养殖产量每年保持着稳定的增长趋势。在养殖规模增大的同时，需要对渔业养殖结构加快调整，在确保产量的情况下，提高水产品的质量，减少水产养殖的面积和水资源浪费。

养殖水产品品质的优劣与养殖水质紧密挂钩，只有在健康的水质和严格的管控下才能培育出优质的水产品。养殖户需要严格把控养殖水质，保持养殖水体的稳定性，即对养殖水体中的温度、浑浊度、pH、水位等指标进行检测和控制。因此，科学的养殖模式和精确实时的养殖水质检测至关重要。现阶段，随着养殖规模的扩大，养殖密度也随之增高，使得养殖水体环境愈发恶劣，水质的不断恶化造成水产品的病虫灾害率直线上升。在传统养殖中，大多数还是依靠养殖人员的个人经验进行养殖操作，采用人工取样的方式对水质进行检测，这样的检测方式存在许多弊端，如检测范围小、检测周期长、无法实时反映水质动态变化、操作人员技术难度高、劳动强度高等，一旦发现问题便为时已晚，会给养殖户造成严重的损失。

近年来，随着物联网技术的快速发展，传感器技术和无线通信技术随之完善，自动化水产养殖模式在国内外广泛应用。水产养殖模式从传统的粗放型养殖向精细化、集约化、可持续化的工厂化养殖转变。新型养殖模式采用传感器技术，实时获取养殖水质参数，并通过无线通信技术将水质数据上传至上位机，上位机接收并保存水质数据，进行数据筛选、数据分析、可视化界面开发等一系列开发，为水产养殖人员提供实时、动态的水质数据，方便了养殖人员的操作和管理，为研究人员在以后的水产养殖研究中提供了有效的参考依据。另外，集约化的工厂化管理模式能确保在养殖规模增大的同时大大减少水产养殖面积，并通过有效的措施对养殖废水进行处理，在保障水产品质量的同时实现了高效、环保、可持续的养殖目的。

本章节结合物联网技术，设计循环养殖水箱环境监控系统。在下位机布置水质传感器和控制器，用于实时采集水质数据，通过无线通信技术将数据上传至云端，进行可视化界面开发，实现水质参数实时显示。上位机接受并处理水质数据，设定预值对下位机下发指令，实现对养殖装备的精准控制。通过养殖装备技术的创新，从"传统人工养殖"向"现代装备养殖"变革，设计"多层连排复式型"水箱和养殖废水处理装置，合理分配土地资源和水资源，实现绿色可持续化的养殖模式。

二、国内外研究成果

目前，水质参数检测大致可以划分为四个阶段，分别是人工目测法、化学试剂检测法、现场仪器采样分析法和远程实时在线监控，水质参数由单一化向多元化发展。水质检测自动化控制系统主要有两种：第一种由微控制系统和传感器节点构成；第二种由工业化控制系统、小型计算机构成网络监控系统，水质参数检测从人工化向自动化发展。目前我国在水产养殖技术上还存在两大缺陷：一是养殖模式落后，依然依靠人工经验养殖，对水产病害没有有效的预防措施；二是自动化程度落后，依然采取人工采样对水质进行检测，不能实时反映水质数据。

国外的水产养殖模式技术改革起步较早，针对水产养殖的水质自动化监测系统也相对成熟，目前国外现代化水产养殖技术比较发达的国家有北美的加拿大、美国，欧洲的法国、德国、丹麦、西班牙，以及日本和以色列等国家。在20世纪中期，国外一些发达国家相继研究出一种水质移动采样检测车，该设备可自动采集养殖池中的水样并进行化学分析。随后他们又研发了一种方便携带的水体环境分析箱，取代了笨重的水质监测车辆。但由于水体环境分析箱需要携带大量的化学试剂，对操作人员的技术要求很高，因此该方法很快也被取代了。20世纪后期，随着半导体技术的突飞猛进，水环境监测装置在体积上有了突破，各种模块集成在一块开发板上，水环境检测设备体积变小，方便携带安装，功能也更加完善。水质参数从单一化检测发展到多参数多元化检测。工厂化循环水养殖技术在国外经过多年的发展逐步形成了高效的规模化生产模式。美国在工厂化养鱼方面进行的"鱼菜共生"很有特色，亚利桑那州鱼菜共生系统每立方米水体可产罗非鱼50千克，上面无土栽培生菜，一年可种十茬。在亚洲，日本自20世纪60年代发展工厂化水产养殖系统以来也取得了突出成绩，目前工厂化养殖各种鱼、虾、贝等鲜活水产品年产达20万吨以上，而且技术成熟、产量稳定。[1] 日本最早

① 姚梁狄. 基于物联网技术的循环养殖水箱环境监控系统设计［D］. 舟山：浙江海洋大学，2022.

将微生物固定化技术用于养殖生产系统，其系统结构合理、集成化程度高。由于注重系统的整体建设，其技术管理简单，能耗和成本更低，综合经济效益高。在欧洲，工厂化水产养殖系统已经成为一个新型的、发展迅速、技术复杂的产业。据不完全统计，目前欧洲的封闭循环水养殖面积约 30 万平方米，且发展势头迅猛。通过采用现代的水处理技术与生物工程，大量引用前沿技术，最高单产可达 100 千克/立方米，工厂化水产养殖系统已普及到鱼、虾、贝、藻、软体动物的养殖中。目前在法国，大菱鲆苗种孵化和育成几乎都采用循环水工艺，鲑鱼的封闭循环水养殖也开始进行生产实践；拥有 500 万人口的丹麦现有年产 150～300 吨水产品的工厂化养殖系统 50 余座；德国有工厂化水产养殖系统 70 余座。[①] 由此可见，研究和开发适用于工厂化养殖环境且功能齐全成本低的水质监控系统具有广阔的应用市场和实际生产意义。

国内在养殖水质自动化监测和水环境控制的起步较晚，尚未建立完善的水质自动化检测和分析预警体系，在智能化养殖上还处于探索阶段。在早期，国内大部分水产养殖采用传统的养殖模式，依靠养殖人员的经验进行管理，仍然使用人工采样对重要水质进行检测，不仅检测周期长，还十分考验养殖人员的技术。随着物联网技术的发展，我国在养殖水质在线检测上取得了一定的进展。有研究者设计了一种新型的智能化水产养殖管理系统，通过 ZigBee、通用分组无线电业务（general packet radio service，GPRS）无线网络模块，通过分布式的方式检测水质参数，实现实时监控；有的研究者设计了一种基于单片机和无线通信的淡水养殖智能监控系统，能同时检测水质中的温度和溶解氧，该系统主要由 ATmega32、传感器、DS1302 时钟和 TC35 通信模块组成，实现了远程在线检测和控制；另有团队提出了一种基于 Profibus 现场总线网络控制的智能监控系统。采用现场总线、可编程逻辑控制器（programmable logic controller，PLC）、传感器等技术对养殖池的溶氧量、pH、温度、水位等主要环境参数进行自动检测和控制，实现养殖数据的实时采集、动态监测和处理；还有团队设计了一种水产养殖远程监测系统，系统由数据集采中心、检测节点、云端服务器和监测端 Android app 或浏览器构成，实现远程无线实时监控；有研究者设计了一种基于 ZigBee 的水产养殖水质在线监测系统，系统由数据采集模块、数据处理模块、数据通信模块三部分构成，采用概率神经网络建立水质预测模型，实现对未来 48 小时内水质参数的预测；还有专家设计了一套基于无线传感器网络的水产养殖水质监测系统，该系统

---

① 姚梁狄. 基于物联网技术的循环养殖水箱环境监控系统设计［D］. 舟山：浙江海洋大学，2022.

在 Cortex – M4 ARM 架构下以微处理器 STM32F405 与无线射频芯片 CC2530 为核心，对系统底层硬件、底层软件、应用层软件进行了开发，在自组网情况下实现了水产养殖相关数据的实时监测。

三、发展趋势

随着水产养殖业向机械化、自动化发展，工厂化、智能化、绿色化的水产养殖模式将是未来水产养殖的发展方向。养殖水质无线数据监控系统应该向着实时性、稳定性、低成本、远程监控等方向发展。无线监控系统高效化和智能化，控制核心微型化，对无线通信功能和远程控制等功能的利用将是解决水产养殖配套设施自动化的一个有效途径。随着传感器技术、无线通信技术、网络技术的应用解决了我国水质监控技术匮乏的状况，提升了水产养殖的智能化水平。水产养殖模式的升级能够极大地优化养殖过程，对促进水产养殖业健康发展有推动作用。未来水质监控系统将朝着网络化、分散化、智能化的方向发展，水质监控技术应该应用到更广的领域，保证水质的安全是水质监控技术的重要目的。

四、系统总体方案及关键技术

（一）循环养殖水箱环境监控系统方案设计

在水产养殖中，养殖水体中的各项参数指标对养殖水产的生长、存活和产量有着很大的影响。如何准确、实时、动态地检测并提供养殖水箱内的水质参数是水产养殖过程中的关键环节。本部分基于这一问题设计了循环养殖水箱环境监控系统，整个系统主要由三部分组成：硬件系统设计、养殖设备设计和软件设计。

循环养殖水箱环境监控系统的硬件设计由四部分组成：主控模块设计、传感器模块设计、通信模块设计和执行模块设计。以 STM32F103C8T6 作为主控芯片，选择合适的传感器实时采集养殖水箱中的水质参数，并通过 Wi-Fi 模块进行数据传输。执行模块由继电器和执行设备组成，继电器负责响应上位机发送的指令，对供电电源进行控制从而实现对执行设备的控制。

养殖设备设计主要针对水资源问题和养殖占地面积问题。在传统养殖模式中，养殖面积随着养殖规模的增大而增大，土地资源分配不合理，造成土地资源浪费。因此本书设计了"多层连排复式"型养殖水箱，在方便养殖人员管理的同时大大解决了土地资源分配不合理的问题。另外，针对传统养殖模式中的水资源浪费问题，本书提出并设计了养殖废水循环装置，将养殖过程中产生的养殖废水经过循环装置的处理传输回养殖水箱，极大程度上解决了水资源浪费问题，形成了一套绿色、可持续的养殖模式。

系统的软件设计通过物联网云平台实现。物联网云平台的出现降低了物联网开发过程的开发难度，提高了开发的灵活性。在云平台进行项目生成、产品定义、物模型定义、设备接入、边缘计算环境部署、业务逻辑开发和可视化界面开发一系列操作后，实现对下位机传输数据的接收和处理，并实现上位机对下位机执行设备的控制。云端设计并开发可视化窗口，实时、动态地显示养殖水箱内的环境参数，方便养殖人员观察、分析和管理，形成便捷、高效的养殖管理模式。

1. 功能分析

循环养殖水箱环境监控系统需实时采集养殖水箱中的关键水质参数，并通过无线通信模块上传至云端，云端在接收到数据后进行处理分析，然后下发指令至设备端，实现远程自动化控制。系统还需具备 Web 应用和 App 应用，为养殖管理人员提供在线、实时、准确、动态的水质参数信息，方便养殖人员管理，实现良好的人机交互。因此养殖水箱环境监控系统具体具备以下功能。

（1）设备端能自动采集水产养殖关键水质，检测数据实时、精准。设备布线简便、体积小、功耗低、成本低、可移植性高，能够大量在水产养殖中部署。

（2）设备能连接上云，水质数据在云端实时处理、实时分析、实时储存。在云端进行业务逻辑开发，设定规则和设置阈值，实现云端自动下发命令对设备进行控制，自动化程度高，能解放养殖户劳动力。

（3）水质参数能实时动态显示在可视化界面上，显示界面具备数字参数、水质参数曲线图，操作人员能更清晰、更直观地从页面获取养殖水质关键参数，具备历史数据查询，方便养殖人员对比了解养殖水质环境，减少病虫灾害。

（4）系统设有执行模块控制功能，养殖人员能远程对设备下发指令，实现对水泵、制氧、加热和投食装置的远程控制，能更好地控制养殖水质环境，人机交互性高。

2. 结构分析

传统物联网开发步骤烦琐，要经历硬件端开发编译，软件端开发编译，涉及多方面的技术，开发强度大，开发难度高。首先，物联网云—端一体开发平台的出现在一定程度上解决了上述问题。针对物联网应用不同开发阶段（设备端开发、云服务开发、Web 应用/移动应用开发）的特点，云—端一体开发平台为开发者提供了大量可复用的接口/组件，简化了各阶段应用的开发；其次，针对三端应用（设备端应用、云服务、Web 应用/移动应用）的集成，云—端一体开发平台通过设备模型等相关技术，解耦三端应用的开发过程，使得三端应用可以无缝衔接。

水产养殖水箱环境监控系统选择目前主流的一体化开发平台，基于云服务、边缘计算和终端传感器，以水产养殖为对象，精准监测关键水质指标。设备端将传感器采集的数据通过 Wi-Fi 通信模块上传至云平台，云平台负责数据的接收与处理，同时使用云平台提供的组件实现 Web 应用/移动应用的快捷开发，完成人机交互界面并实现对养殖水质的各项参数监控，形成了一套以"云—边—端"为开发模式的总体设计架构，如图 7 - 1 所示。

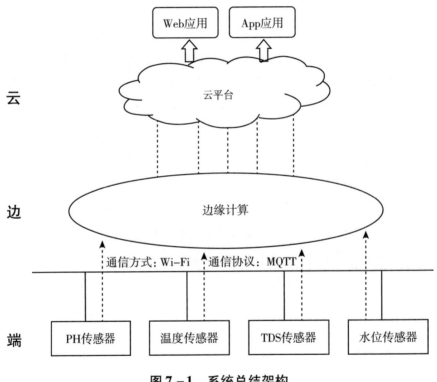

图 7 - 1　系统总结架构

（二）系统关键技术

1. 边缘计算

边缘计算是指在云端和设备端之间，靠近设备端的网关设备，通常用来执行复杂的运算，减轻云端的计算量，优化响应速度。边缘计算技术通过在网络边缘设备上增加执行任务计算和数据分析的处理能力，将原有的云计算模型的部分或全部计算任务迁移到网络边缘设备上，为云计算释放计算负载，减缓网络带宽的压力，提高数据处理的效率。

在传统的网络架构里，一般都会有多层的路由结构，如图 7-2 所示。若要将云端的无服务器函数下沉到其中一个路由器上，这样会存在一些问题：如果下沉的太深（即下沉的位置太接近数据产出点），那么可能此边缘设备无法获取所有它需要的数据；如果下沉位置太靠近云，则仍旧会占据较多的主干网带宽导致传统云计算模式会出现问题。

以图 7-2 所示的网络拓扑为例，数字标注的圆圈代表着传感器（用于采集数据并上传，如温湿度传感器）或执行器（用于接收命令并与物理世界交互，如继电器），字母标注的矩形代表着可运行计算的边缘设备（如智能网关）。

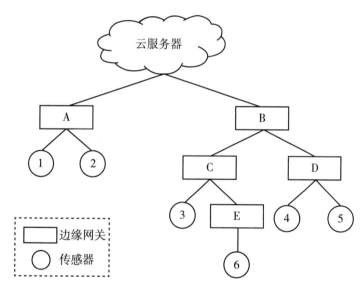

图 7-2　网络拓扑

如需分析 3、6 的数据，最佳计算下沉点为 C 节点。下沉至 E 点则无法与 3 交互，下沉至 B 点则会增加 B-C 段的网络开销。如需分析 3、5 的数据，最佳下沉点为 B 节点；若计算 1、5 的数据则无法下沉，需要在云端进行计算处理。

2. 无线通信技术

无线通信技术是根据电磁波信号可以在空气中自由传播的原理来交换数据信息的通信方式。按通信距离的远近可分为短距离通信技术和远距离通信技术；按消耗能耗的高低可分为低功耗通信技术和高功耗通信技术。以下是对目前主流的四种通信技术进行分析，理论指标对比如表 7-1 所示。

表 7 - 1 　　　　　　　　　　　　　　通信技术对比

名称	传输速度	传输距离	频段	组网方式
ZigBee	100 千比特/秒	10 ~ 100 米	2.4 吉赫兹	基于 ZigBee 网关
NB-Iot	160 ~ 250 千比特/秒	15 千米	运营商频段	基于蜂窝网络
蓝牙	1 兆比特/秒	20 ~ 200 米	2.4 吉赫兹	基于蓝牙网关
	2.4G：1 ~ 11 兆比特/秒	20 ~ 200 米	2.4 吉赫兹	基于无线路由器
	5G：1 ~ 500 兆比特/秒		5 吉赫兹	

（1）ZigBee。

ZigBee 协议又称"紫蜂"协议，是基于 IEEE 802.15.4 标准的低功耗短距离无线网络协议。ZigBee 协议栈的物理层和 MAC 层有 IEEE 802.15.4 定义，而上层的网络和应用层由 ZigBee 联盟定义。ZigBee 技术的优点是低功耗、低成本、短时延、网络容量大、安全性高、数据传输可靠、组网灵活等。其缺点是成本高、传输速率低、传输距离短、通信不稳定等。

（2）蓝牙。

蓝牙是工作在 2.4 吉赫兹频段的一种低功耗短距离无线通信技术，在手机、电脑、小固件设备、汽车等领域被广泛使用。蓝牙技术的优点是低功耗、低成本、低延时、安全性较高、体积小便于集成等优点。其缺点是兼容性弱、传输距离短、网络节点少、组网能力差、易受干扰等。

（3）NB-IoT。

NB-IoT 是一种具有全新的基于蜂窝移动网络的窄带物联网信息技术，由 3GPP 组织进行定义的国际标准，无地域限制，可广泛部署在世界各地，属于低功耗广域网，可根据授权频段的运营直接部署 LTE 网络。NB-IoT 技术的优点是低功耗、信号覆盖广、网络容量大、稳定可靠等。其缺点是通信成本高、数据传输量低、传输速率低等。

（4）Wi-Fi。

IEEE 802.11 是 Wi-Fi 技术制定的一系列标准，于 1997 年发布了第一个版本，将其分为介质访问层、接入控制层和物理层，允许多个设备同时连接。2019 年最新的 802.11ax Wi-Fi 标准发布，俗称 Wi-Fi 6，借用了蜂窝网络采用的正交频分多址技术，可以实现多个设备同时传输，显著提升数据传输速度，降低延迟。Wi-Fi 技术的优点是扩展性高、速度快、部署连接方便等。其缺点是通信成本高、覆盖范围有限、抗干扰能力弱、功耗大等。

3. MQTT 协议

MQTT 协议是一种 M2M（machine to machine）的轻量级双向通信传输协议，拥有发布/订阅的消息模式。MQTT 协议建立在 TCP/IP 协议之上，通常用来解决设备和设备之间、设备和后端之间的通信。其优点是可以通过极少的代码和有限的带宽与远程设备连接，提供可靠的消息服务。另外，MQTT 协议可移植性强、简单易开发，在许多场景下可以广泛适用，在物联网开发中十分流行。

在消息传输过程中，MQTT 协议在两个设备之间，负责充当中介的身份。负责发布消息的设备充当发布者，负责接收信息的设备充当订阅者，每个设备都既可以充当发布者也可以充当订阅者，两者通过 MQTT 实现消息传输。传输方式如图 7-3 所示。传输过程如下：

（1）MQTT 创建一个话题；

（2）发布者连接云平台，向话题发送一条消息；

（3）订阅者连接云平台，订阅话题并接收来自发布者的消息。

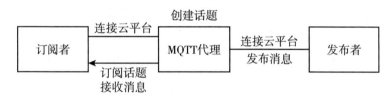

图 7-3　MQTT 传输方式

MQTT 报文格式可以分成三部分，分别为固定头部、可变头部和消息体部。报文格式如图 7-4 所示。

图 7-4　MQTT 报文格式

固定头部长度一般是 2~5 字节，分别由 MQTT 报文类型、MQTT 标志位和剩余长度（变长头部 + 数据内容）构成。其中，MQTT 报文类型和 MQTT 标志位在第一字节部分，剩余长度在剩下字节部分。MQTT 报文类型由 4 个比特位组成，部分报文类型如表 7-2 所示。MQTT 标志位的作用是用来修饰报文内容，设置方式如表 7-3 所示。剩余长度是变长头部和数据内容的字节长度，一般占 1~4 个字节。

表 7 - 2   MQTT 报文类型及描述

类型	值	流向	描述
SUBACK	1	Client→Server	请求连接服务器
DISCONNECT	2	Server→Client	确认连接返回 ACK
PUBLISH	3	Client↔Server	向话题发布消息
PUBACK	4	Client↔Server	确认发布返回 ACK
SUBSCRIBE	8	Client↔Server	订阅话题请求
SUBACK	9	Server→Client	确认订阅返回
DISCONNECT	14	Client→Server	ACK 请求断开连接

表 7 - 3   MQTT 标志位及描述

位数	标识符	描述
3	DUP	1：重传包；0：首次包
1~2	QoS	值为 0~2，值越高 QoS 越高
0	RETAIN	1：保留；2：不保留

可变头部由高位字节包序号、低位字节包序号和附加内容组成。只有特定的报文类型才具备可变头部。

消息体部由附加内容和数据内容组成，作用是用来存放传输数据。

4. 时序数据库

时序数据库是物联网系统经常使用的一种特殊类型的数据库，其可以高效地存取时序数据（time series data）。而时序数据指的是带有时间戳（time stamp）的数据，例如，某工厂中温度传感器每秒采集的室内温度就是时序数据。

物联网系统中时序数据的特点是海量数据需要高速地写入数据库，对数据更新的需求则较小。传统关系型数据库对数据的频繁插入操作效率不高，对时序数据的压缩效果也不佳，另外还存在查询性能差、维护成本高等问题，这些因素促使了时序数据库的出现。时序数据库克服了传统数据库应用在时序数据上的缺陷，具有写入高并发、查询性能优越、存储成本低廉等多个特点，下面分别介绍这些特点的实现原理。

（1）高并发写入。

实现高并发写入的核心思想是保证数据先写入内存，然后顺序地写入磁盘。传统的数据库在插入数据时经常需要先在磁盘中读出需要插入位置的磁盘块，然后再写回磁盘，这样虽然保证了数据全局有序，却让写入性能大大降低。而时序数据库只在内存中对数据进行排序，然后顺序写入磁盘，大大提高写入速度。

（2）查询性能优越。

时序数据库优化查询性能的方式包括分布式查询和数据预处理等。分布式查询使得用户发起查询请求时，查询的结果可以同时由不同的机器执行，最后汇集返回给用户。数据预处理则是在存储时序数据的时候便提前计算好经常被查询的数据内容，在收到对应查询请求的时候数据库不必计算，可高速返回结果。

（3）存储成本低廉。

分级存储是降低存储成本的核心方法，如将时序数据库中价值最高的近期数据保存在单位容量价格最高的内存中，将稍久之前的数据保存在价格稍低的固态硬盘中，将更久以前的数据保存在价格最低的机械硬盘中，这样在保存更多数据的同时节省了存储的成本。另外，选择合适的编码压缩的算法、提高数据压缩比，同样是时序数据库降低成本的方式。

五、循环养殖水箱环境监控系统与物联网云平台

1. 物联网云平台

物联网云平台是连接物联网软硬件、数据及应用的关键一环。物联网云平台上连应用层、下接网络层，需要提供包括终端开发、网络连接、数据清理、数据储存、数据分析、应用部署等一系列服务，为开发者提供简便、高效的管理设备和数据，并在海量的数据之上构建物联网应用平台，避免了硬件端异构性、连接协议异构性、数据格式异构性带来的开发困难。

目前市场上涌现了大量的物联网云端一体开发平台，如阿里云推出的物联网开发平台 IoT Studio、三星公司推出的三星 Smart Things 平台、机智云物联网科技有限公司推出的机智云平台、中国移动推出的物联网开放平台 OneNET 和浙江大学 EmlVets 实验室推出的 TinyLink 2.0 平台等。TinyLink 2.0 是于 2017 年推出的物联网云—端一体开发平台，在 TinyLink 平台的基础上，增加了云服务开发与移动应用开发的能力，方便用户快速搭建自己的物联网原型系统。IoT Studio 是阿里云于 2018 年推出的一站式开发平台，支持设备开发、云服务开发、Web 应用/移动应用开发，贯穿整个物联网应用开发流程，同时提供了多种开发方式可供开发者选择，在降低开发难度的同时保持了开发的灵活性。相较两个平台，IoT Studio 平台功能较为丰富，设备开发、云服务开发、Web 应用/移动应用开发均有所涉及，且为开发者提供了多种开发方式，对于开发者来说更为灵活，适合有一定基础的开发者使用，因此本章节选择 IoT Studio

作为云服务开发平台。

（1）IoT Studio 简介。

2018 年 3 月，阿里巴巴推出了物联网应用一站式开发平台 LinkDevelop。LinkDevelop 平台涵盖了设备开发、云服务开发、Web 应用/移动应用开发等物联网应用的全链路开发流程。2018 年 6 月，LinkDevelop 发布 2.0 版本，在 1.0 的基础上，对原有的开发流程进行改进，增加了在线开发工作台、流式服务编排、可视化应用搭建等功能，进一步简化了物联网应用的开发。2019 年 1 月，Link-Develop 平台正式更名为 IoT Studio。平台由底层的 Bone 框架组件库和上层的开发工具（设备端开发、云服务开发、Web 应用开发、移动应用开发）组成。其中，底层的 Bone 框架组件库为平台提供技术支持，上层的开发工具面向物联网应用开发者，为开发者提供一站式的应用开发服务。

（2）阿里云平台产品结构。

阿里云 IoT 由云、管、边、端四个部分组成，本部分分别对四个部分进行介绍。

端部分由阿里云底层操作系统 AliOS Thing、设备认证硬件方案 ID2 - SIM、可执行环境 TEE、设备接入套件 Link Kits 组成，物联网设备开发接入都要经过这一层；边部分是阿里云推出的物联网边缘计算平台 Link Edge，方便边缘设备快速接入云平台；管部分由网络管理 Link WAN，身份认证 ID2 和可信服务聚合与管理 Link TSM 组成，这一层包含了全连接物联网协议、物联网加密机制；云端包含了物联网平台、一站式开发平台 IoT Studio、物联网市场 Link Market，为用户提供了一系列组件和接口，方便用户云端开发。产品结构图如 7 - 5 所示。

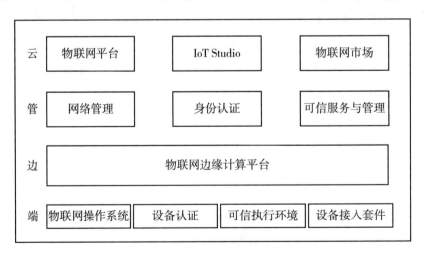

图 7 - 5　云平台产品结构

（3）阿里云平台产品优势。

传统的物联网应用由设备端应用、云服务、Web 应用和移动端应用四个部分构成。其中，设备端应用包括设备硬件与运行在设备上的软件，与云服务交互，负责数据采集与任务执行；云服务运行在云平台，负责设备端的数据接受与处理，同时响应 Web 应用/移动应用的请求；Web 应用/移动应用直接和用户交互，负责将用户请求发送到云服务并显示云服务返回结果。可以看到，一个完整的物联网应用的开发涉及多种方面，如嵌入式开发、网络协议设计、云服务开发、Web 应用开发、移动应用开发等，开发难度高。另外，物联网应用的各个开发环节相互依赖。这些环节的高耦合性，增加了应用开发过程中的难度。

物联网应用软硬件一体化系统引入自顶向下的开发模式来解决这个问题，如图 7-6 所示。开发者首先基于抽象的编程语言进行应用开发，系统对代码进行自动分析，获得应用所需要的组件。系统将在综合考虑各种硬件限制条件和兼容性的基础上，自动给出合适的硬件解决方案。当硬件定型后，应用代码结合硬件平台驱动库自动交叉编译成硬件平台匹配的目标代码。这种由软件定义硬件、自顶向下的开发模型将大大加速物联网应用的开发。

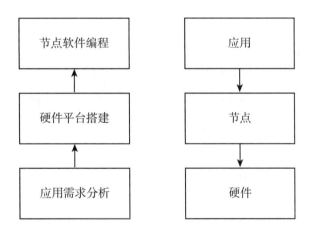

图 7-6　自上向下模型

2. 循环养殖水箱环境监控系统云平台开发

（1）项目生成。

阿里云中的项目是产品、设备、多个应用和服务的集合，如图 7-7 所示。在阿里云开发过程中，同一个项目下的不同应用和服务之间可以相互共享、相互调用。不同项目之间的应用、服务和资源相互隔离，不能共享调用。

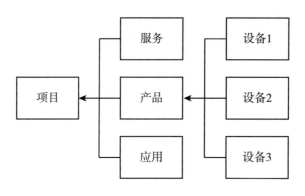

图 7-7 项目关系

产品是一组具有相同功能设备的集合，当创建完产品后，阿里云会为产品发布一个专属的 ProductKey 和 ProductSecret，用于一型一密安全认证。

物模型是创建完产品后需要定义的产品功能，是物联网设备在云端的抽象表现，包括设备的属性、服务 Key 和事件。阿里云定义了一种物的语言来描述物模型，可以通过物模型以 JSON（JavaScript Object Notation）的格式上报设备数据。

设备是关联在当前产品下的本地设备，创建完设备后，阿里云会提供设备的 DeviceName、DeviceKey 和 DeviceSecret，即三元组信息，用于一机一密安全认证。

（2）设备连接。

根据物联网设备性能的好坏，设备可以分为两种模式与云平台建立连接。对于性能较差的物联网设备需通过物联网网关接入，网关接受设备发送的报文将低功耗协议进行转换，再将转换后的报文发送至云平台，网关充当着中介的身份。对于性能较好的物联网设备可以直接与云平台建立通信，不需要中间介质转换协议，可以直接通过超文本传输协议（hyper text transfer protocol，HTTP）、MQTT、受限应用协议（constrained application protocol，CoAP）发送报文。两种模式如图 7-8 所示。

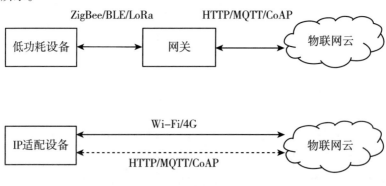

图 7-8 设备与云端通信

　　本次循环养殖水箱环境监控系统采用直连的方式接入，下载云平台提供的 C 语言 SDK 包，在 Ubuntu 操作系统中编译下载的程序，将创建好设备生成的三元组信息和 Topic 话题输入相应代码中，实现设备上云。

　　（3）设备管理。

　　设备连接到物联网后，云平台会对设备进行管理，云平台作为物联网应用程序和设备之间的消息中心，进行双向通信。

　　云平台最初管理的对象是一些性能较好、IP 适配的物联网设备，对一些性能较差的不支持 IP 连网的低功耗设备十分不友好。随着物联网云平台的壮大，出现了智能网关设备，网关设备充当了消息中介，将低功耗协议进行转换，再将转换的报文发送到云平台，具有聚合应用和设备的功能。在使用网关接入后，云平台对设备的管理从之前的单层管理变为多层管理。设备拓扑关系如图 7 - 9 所示。

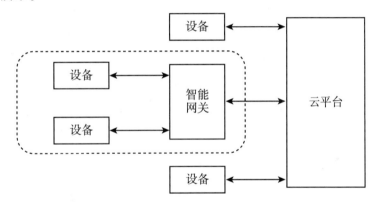

图 7 - 9　设备拓扑关系

　　云平台对设备的管理内容有：对设备生命周期的管理，对设备的状态进行管理，对固件进行更新管理。对设备生命周期管理的内容有创建、注册、激活、删除设备；对设备状态管理的内容有上线、离线的通知服务；对固件更新管理的内容有提示设备如何更新、去哪里更新。

　　云平台对设备的管理方式分为直接管理和虚拟管理。使用直接管理的前提是设备需在线，在云端直接发送指令下发到设备端，实现直接控制，当设备离线时，直接管理功能就无法使用，设备接收不到云端下发的指令。虚拟管理也称设备影子，设备影子将设备的状态、服务、功能进行复制，在云端创建一个虚拟设备，设备影子可以在真实设备离线时将一些操作指令记录下来，等真实设备上线再将执行指令后的状态发送给真实设备，做到状态同步。

　　本系统用到的设备管理功能有设备创建、设备注册、设备激活、物模型数据查看、设备影子、文件管理、Topic 订阅查询、日志服务和在线调试等。

（4）规则引擎。

规则引擎负责对设备在云平台生成的数据进行收集、处理和分析，通过提取目标信息和执行消息转发来实现。

提取目标信息时在规则引擎中，通过在管理控制台中编写结构化查询语句（structured query language，SQL）对设备发布的信息进行提取和筛选，为下一步执行转发信息做准备。如编写语句"SELECT fields FROM topic WHERE conditions"，当设备消息到达时，如果订阅的"topic"符合且满足"condition"条件，则触发规则，"fields"字段则用来指定消息的内容字段。

消息数据经过规则引擎筛选处理，发送至云服务执行相关操作，如存储数据到时序数据库、进行流运算、进行无服务器计算、执行消息服务等操作。操作流程如图 7 - 10 所示。

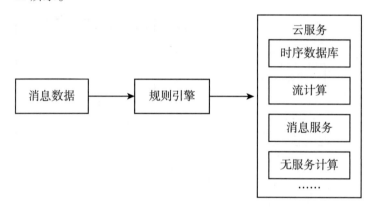

图 7 - 10   规则引擎流程

（5）安全认证。

安全认证机制是物联网云平台的重要功能，确保了设备接发数据的安全性。安全认证主要由设备认证和权限认证两部分组成，设备认证能确保接入物联网云平台的设备安全可靠，采用密钥体系认证系统。通常分为基于对称密钥和基于非对称密钥的设备认证系统。以下是两种认证的介绍。

① 对称密钥的设备认证基于对称密钥的设备认证是物联网云平台常用的设备认证方法之一。云平台和设备之间通过共享对称密钥的方式进行设备认证。用户向云平台添加设备时，云平台将随机生成一对相同的对称密钥，一把存储在平台端，另一把则通过加密的传输方式发送给用户，用户在编写设备程序代码时，可将密钥配置到设备上。设备在连接云平台时，通过发送对称密钥签名的令牌到云平台进行认证。通常云平台附带有生成令牌的应用程序接口

（application programming interface，API），在设备连接前，设备端通过调用 API，使用对称密钥对设备标识、随机数或时间戳等进行加密，即可自动生成认证令牌。

基于对称密钥的设备认证具有加解密计算量小、速度快、易于在设备端实现的特点，能够一定程度上确保设备认证安全，但是也存在对称密钥泄露的安全问题。

②非对称秘钥的设备认证。为了进一步保证设备认证的安全性，许多物联网云平台采用基于非对称密钥的设备认证方式。在非对称密钥认证体系中，涉及一对公私钥。设备端持有私钥用于签名，而物联网云平台则通过某种途径获取公钥用于认证。根据公钥管理方式的不同，基于非对称密钥的设备认证又常常分为使用 CA（证书签证机关）证书和使用 IBC（identity – based cryptograph）两类认证方法。

使用基于 CA 证书的 PKI（public key infrastructure）机制管理公钥可以进一步保证云平台设备认证的安全性。目前，物联网云平台一般使用 X.509 格式的 CA 证书。X.509 证书获取的方式包括以下 3 种：由 CA 机构颁发、使用物联网云平台生成及使用第三方工具创建。以第一种方式为例，用户首先需要向 CA 机构为设备购买证书，CA 机构将含有公钥的证书颁发给用户。用户在编写设备代码时为设备配置证书。设备与云平台之间通过证书传递公钥，从而进行设备认证。

通过使用 CA 证书的 PKI 机制来管理公钥，可以有效提高物联网云平台设备认证的安全性。但是随着物联网规模的不断扩大，认证过程会涉及大量的证书传输，造成不小的传输开销。为了简化公钥管理，一些物联网云平台采用 IBC 管理公钥的方式，直接将设备标识，如序列号、网络地址等作为公钥。用户需要根据设备标识信息向密钥生成中心（key generator center，KGC）为设备申请私钥，密钥生成中心通过加密的传输方式将设备私钥发送给用户。用户在编写设备程序的代码时，将收到的设备私钥配置到设备上。在设备连接时，设备与云平台之间即可使用 IBC 管理公钥的方式进行设备认证。

在物联网云平台中，用户和应用程序通过连接设备、访问云端数据和使用物联网组件功能等行为，完成具体的物联网应用。用户和应用程序连接、访问和使用云平台资源的功能通常基于权限机制实现。主流的物联网云平台均构建了一套权限认证机制，以避免非法权限操作引起的安全问题。其中，基于账号密码和基于令牌的权限认证是最常使用的两种权限认证方法。

基于账号密码的权限认证是一种传统的权限认证方法。用户或应用程序在物联网云平台注册时，云平台会预先分配相应的应用权限。应用权限通常可以由级别更高的应用进行管理。当用户或应用程序需要连接设备、访问数据或使用云平台服务时，只需向云平台提供账号密码，进行权限认证，即可获取相应的应用权限。

基于令牌的权限认证是一种安全性更高的权限认证方法。令牌是用于认证的安全凭据。用户或应用程序通过获取访问物联网组件的共享权限密钥，使用密钥签名生成令牌，发送令牌至云平台申请获取相应的应用权限。令牌通常由用户端调用云平台的 SDK API 生成，令牌生成的过程融入了权限策略。常见的权限策略有设备连接、设备管理和数据共享等。令牌的结构里通常包含了权限策略名称字段和共享权限密钥签名字段，这些字段向云平台指示了应该赋予给用户或应用程序的权限。

六、循环养殖水箱环境监控系统硬件设备设计

物联网发展中的一个重要目标就是将现实世界数字化，实现万物互联，这需要大量的硬件设备来完成。我们通过物联网设备来获取现实世界的各种数据，然后将数据发送到数据中心进行处理分析。

物联网硬件平台如表 7 - 4 所示，能分为三类。第一类就是缩小版的 PC，本质上是类 PC 的嵌入式设备。第二类为智能件，能执行相对复杂的运算。第三类为物件，相对前两种功能比较弱小，多数为只有 8 位或 16 位的微控制器（MCU）、程序内存有 48 ~ 128 千字节的传感器节点。

表 7 - 4　　　　　　　　　硬件平台分类

名称	处理器	操作系统	运行环境
类 PC 嵌入式设备	Intel Core	Windows Embedded, Linux	Win32, Linux
智能件	ARM Cortex - A7, Intel Atom	Linux, Wind River, Android Things	Node. js, Python, CAOIs
物件	MCU	TinyOS, LiteOS, Alios	

物联网硬件平台在定义上可分为广义硬件平台和狭义硬件平台，如图 7 – 11 所示。广义硬件平台需包含开发板（包含微控制器）、传感器模块、执行模块、通信模块；狭义硬件平台由开发板和微控制器组成。

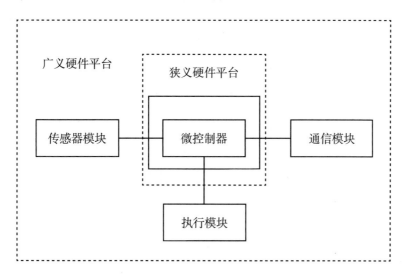

图 7 – 11　硬件平台组成

（一）硬件总体框架

养殖水箱环境监控系统的硬件部分由主控模块、传感器模块、通信模块和执行模块构成。以 STM32 作为主控芯片，温度采集使用了 DS18B20 传感器进行采集。因为要放入水中进行温度采集所以选用不锈钢封装防水型 DS18B20 温度探头。浑浊度是检测水箱内的颗粒物浓度，需要用模数转换器（analog to digital converter，A/D）转换成数字信号输出。水位检测由于是搁置水箱进行水位检测，所以选择谐振式水深传感器用于养殖水箱水位检测。摄像头采用串口控制的摄像头进行 jpg 图片采集数据，减小图片数据大小。数据传输采用 Wi-Fi 模块进行数据传输，由于要传输的图片数据量比较大，所以用 Wi-Fi 传输能够保证传输稳定性和传输时效性。控制水泵、制氧机、加热片、投食器的需要使用继电器对供电电源进行控制。

从系统设计的实际需求角度进行分析，需要包含以下基本结构：总电源 & 降压控制电路、温度传感器模块、pH 传感器模块、摄像头模块、Wi-Fi 模块、浊度水质模块、继电器控制电路、水位模块、STM32 控制电路。硬件总体框架图如图 7 – 12所示。

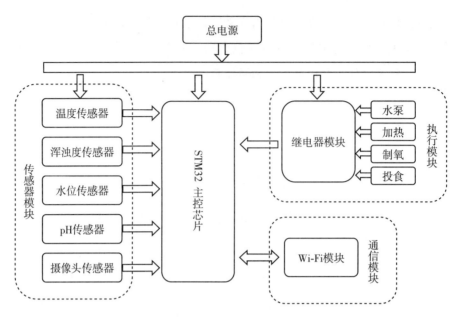

图 7-12　硬件总结结构

（二）主控电路设计

采用芯片 STM32F103C8T6 作为 MCU 主控电路。STM32 芯片需要两个外部时钟，一个时钟作为芯片运行的主时钟，另外一个时钟作为实时时钟（real_time clock，RTC）使用。STM32 芯片使用 3.3 V 供电，使用 USB 供电时，需将 5V 电源转化成 3.3V 电源，所以需要降压电路。由于需要使用浊度传感器和 pH 传感器启动模拟量信号传输，所以 STM32 芯片使用 A/D 模数转换器转换浊度传感器和 pH 传感器的模拟量，在程序中转化成数字量，进行显示和使用，所以输入/输出（input/output，I/O）管脚要使用具有模拟量功能的管脚。液晶显示屏是个串口屏，需要使用串口对它进行命令控制。STM32 芯片有三个串口可以使用，一般情况下用串口 1 作为调试串口，所以这里采用串口 3 作为串口屏所使用的串口。图 7-13 为主控芯片原理图。

系统晶体振荡器（为 8 兆赫兹）：系统频率可通过设置乘法器使其高达 72 兆赫兹。

RTC 晶体：用于校准或用于内置 RTC。

系统在启动时，时钟进行选择。复位时，选择内部 8 兆赫兹遥控振荡器作为默认的中央处理器时钟，然后可以选择外部 4～16 兆赫兹的故障监测时钟。系统时钟在外部时钟故障时隔离，自动转换到内部振荡器，此时软件可以接收到中断被启用时相应的中断提示。

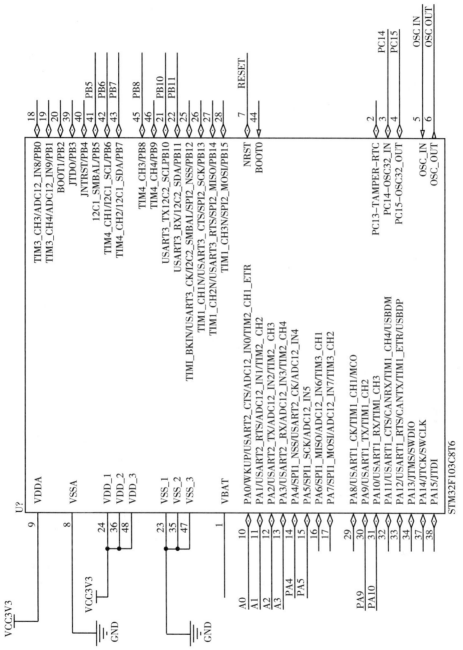

图 7 – 13　主控芯片原理

RTC 的驱动时钟可以是一个 32.768 千赫兹振荡器使用外部晶体，内部低功率 RC 振荡器（40 千赫兹），或一个 128 分频器的高速外部时钟。RTC 时钟通过输出信号进行校准，补偿晶体的偏差。RTC 的可编程计数器和预分频器用于时基时钟，时钟频率在 32.768 千赫兹时默认生成 1 秒的基准时间。

STM32 芯片串口有三个简单的串口可以进行调用，本系统主要使用的串口 2 是作为摄像头控制模块的 Wi-Fi 芯片的串口使用，串口 3 被作为摄像头控制模块的芯片串口使用。本系统主要使用串口调试接口（serial wire debug，SWD）进行应用程序的下载。因为本系统的 SWD 接口只需要简单地使用 4 根线就可以进行简单的连接，所以使用起来相对简单。如图 7 - 14 所示。

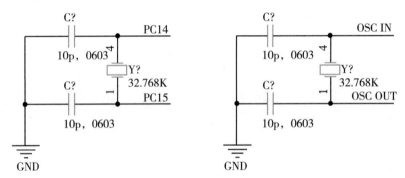

图 7 - 14　晶振原理

（三）传感器模块选型

1. 温度传感器设计

温度传感器需要在养殖水箱内测温，所以选择的是不锈钢封装、防水型 DS18B20 温度探头，内部结构如图 7 - 15 所示。DS18B20 主要由传感器、只读存储器（read-only memory，ROM）、高温触发器 TH、低温触发器 TL、寄存器组成。

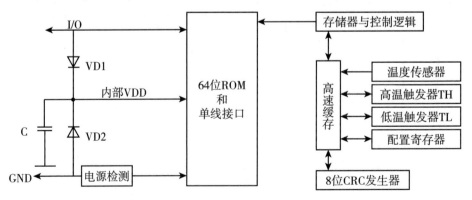

图 7 - 15　DS18B20 内部结构

由图 7-15 可见，DS18B20 只有一个数据输入输出口，属于单总线器件，线路简单，可以将多个 DS18B20 并联在一根通信线上，实现多点测温。DS18B20 的数据传输方式是"单总线"数字信号传输，在传输过程中提高了抗干扰能力。

DS18B20 测量数据的传输方式为 9~12 位数字量串行传送，还具备独特的单总线接口输出引线：红色（VCC）、黄色（DATA）、黑色（GND），参数介绍如表 7-5 所示。用户可以设定高温触发器 TH 和低温触发器 TL 的值，这些设定在掉电后依然保存。当检测温度不在设定值范围内，DS18B20 内部报警标志位置，提示超出检测范围。

表 7-5　　　　　　　　　　　DS18B20 相关参数

参数名	参数值
工作电压	3~5 伏特
测温分辨率	+0.06%
测温范围	-55℃ ~ +55℃
数据传输方式	数字信号单线传输
输出线连接方式	红色（VCC）、黄色（DATA）、黑色（GND）

本系统采用 5 伏特给 DS18B20 温度传感器供电，以 PB0 I/O 作为数据采集的引脚。同时使用一个 4.7 千欧姆（kΩ）的电阻接 VCC 进行数据引脚的上拉。如图 7-16 所示。

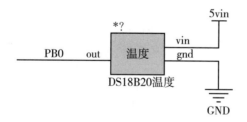

图 7-16　温度传感器原理

资料来源：姚梁狄. 基于物联网技术的循环养殖水箱环境监控系统设计［D］. 舟山：浙江海洋大学，2022.

2. 浑浊度传感器设计

TDS 传感器中文名为溶解性固体总量，用来测量 1 升水中溶有多少毫克溶解性固体。通常情况下，养殖水质含有的溶解物越高，TDS 显示的值就越高，反映当前养殖环境不干净。TDS 在某些特殊情况下不能准确反映水质参数，但目前仍然作为水质检测的重要传感器。目前市场上对水质溶解固体检测的设备有两种，一种是价格便宜、体积小、操作简单的 TDS 测试笔，但它的缺点是需长时间在线监测，不能将监测到的水质数据上传至数据中心。另外是使用专业的工业仪器，虽然其检测精确度高，也能传输水质参数，但是其体积大、价格昂贵，大量布置需要花费巨大的成本。因此，我们选择 TDS 传感器模块检测水质的溶解性固体总量。该模块体积小、成本低，即插即用，适合在水产养殖中大量部署。

TDS 传感器模块的工作电压为 3.3 ~ 5 伏特，数据传输方式为 0 ~ 2.3 伏特的模拟信号传输，需要通过 A/D 转换器转换成数字信号。TDS 传感器探头经过防水处理，在水体中能长时间工作，非常适合用于水产养殖环境中的检测，具体参数如表 7 - 6 所示。

表 7 - 6　　　　　　　　　　TDS 相关参数

参数名	参数值
供电电压	3.3 ~ 5.0 伏特
工作电流	3 ~ 6 毫安
TDS 测量范围	0 ~ 1000 百万分比
TDS 测量精度	±5% F. S. （25℃）
TDS 接口	2PinXH - 2.54
温度传感器接口	3PinXH - 2.54

TDS 传感器模块通过 2Pin XH - 2.45 接头与 TDS 探针进行连接，并扩展了 DS18B20 温度传感器接口与 3Pin XH - 2.54 接头连接。

TDS 探头在未进行温度补偿的情况下会导致测量产生较大的误差，因此需连接温度传感器进行温度补偿，对传感器进行校准，获取到更精确的水质参数。具体操作步骤如下。

第一步：将 DS18B20 连接到 TDS 温度传感器接口。

第二步：记录 TDS 标准溶液，记录值为 $TDS_s\bar{t}$。

第三步：给传感器模块上电，将两个传感器放入 TDS 标准溶液中，测试出传感器 AO 口的输出电压值，标记为 V_t。记录当前测试溶液的温度值为 T_t。修正后的电压值和温度值分别标记为 V_x 和 T_x，将测量得到的电压值 V_t 和温度值 T_t 代入 TDS 标准曲线公式和温度修正系数计算公式如下：

$$T_x = 1 + 0.02 \times (T_t - 25)$$
$$V_x = T_x \times V_t \tag{7-1}$$
$$TDS_t = (66.71 \times V_x^3 + 428.7 \times V_x)$$

第四步：计算 K 值。假设 $TDS_{st} = 80$ 百万分比；$TDS_t = 100$ 百万分比，则计算可以得到 K 值为 0.8。

第五步：修正 K 值。将计算得到的 K 值在程序中进行修正。修正 kValue 值等于计算所需的 K 值。

本系统使用 PA7 管脚作为模数转换管脚进行模拟数字量转换。浑浊度传感器电压需要提供稳定的电压电流，本系统使用 5 伏特电源进行供电，其原理如图 7 - 17 所示。

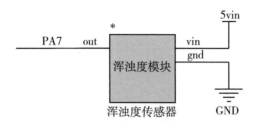

图 7 - 17　浑浊度传感器原理

资料来源：姚梁狄. 基于物联网技术的循环养殖水箱环境监控系统设计［D］. 舟山：浙江海洋大学，2022.

3. 水位传感器设计

在水产养殖中需要精确测量水深值，目前市场上主要流行的测量水深设备有两种：一种是工业用的投入式液位变送器；另一种是数字式水深 MS5837 传感器。这两类传感器虽测量精度高，但价格上偏贵，不适合在水产养殖中大规模部署。因此，本系统选择谐振式水深传感器用于养殖水箱水位检测。该传感器价格低廉、测量精度高，适合用于本系统 0 ~ 1 米的水箱内进行水位检测。水位传感器数据输出方式为数字信号串口输出，连接简单，方便使用。传感器模块自带数据校准和数据储存功能，以免在掉电时丢失数据。具体参数如表 7 - 7 所示。

表 7 - 7　　　　　　　　水位传感器相关参数

参数名 0 ~ 2.3 伏特	参数值
工作电压	3 ~ 5 伏特
通信方式	UART
测量范围	0 ~ 10 厘米
测量精度	±3 厘米
传感器接口	3PinXH - 2.54

谐振式水深传感器的工作原理是根据水压气管里的空气压力值来判断水位的高低。水位越高，水压就越大，随之传感器内的电感线圈的电感量就越大，再结合电感与电容的并联谐振频率公式如下：

$$f = \frac{1}{2\pi \sqrt{LC}} \tag{7 - 2}$$

根据式（7-2）可以得出水位输出频率 f 与电感变化及水深 H 成线性关系。谐振式水深传感器数据发送格式如图 7-18 所示。其中，@ 为频率帧头，后五位为频率值，#为深度帧头，最后四位为深度值。

@	×	×	×	×	×	#	×	×	×	×

图 7-18　数据发送格式

水深传感器选用高低电平输出，有感应输出高电平没有感应输出低电平。PA5 I/O 口作为数据采集口，采集高低电平信号。超声波水位传感器水深传感器的供电需要使用 5 伏特进行供电。

4. pH 传感器设计

在水产养殖环境中，水箱内酸碱度值与鱼类的健康生长密切相关，是衡量养殖水质的一个重要指标。市场上常用的水质酸碱度检测设备有两种：一种是工业级 pH 变送器，其价格昂贵，设备体积大，不适合在养殖场内大量部署；另一种是 pH 测试笔，虽然其体积小，操作便捷，但是其复合电极输出的是毫伏级的电压信号，单片机无法正常识别，无法进行二次开发设计。因此，本系统选用维可思公司生产的 pH 传感器模块，配套上海雷磁 E-201-C 型 pH 复合电极。该模块测量精度满足水产养殖中的水质酸碱度检测，操作简单，方便上手，真正做到即插即用，而且价格便宜，可直接输出 0~3 伏特或 0~5 伏特的模拟电压信号，具体参数如表 7-8 所示。

表 7-8　　　　　　　　　pH 传感器相关参数

参数名 0~2.3 伏特	参数值
供电电压	3~5 伏特
测量范围	0~14pH
测温范围	0~80℃
测量精度	±0.01pH（25℃）
相应时间	≤5 秒
输出方式	模拟电压信号输出
pH 传感器接口	BNC 接口
温度传感器接口	3Pin XH-2.54

传感器模块中的 BNC（bayonet nut connector）接口用来连接 pH 复合电极，温度扩展接口用来进行温度补偿，进行数字校准。模块还内嵌了 10K 的调节电位器，可进行放大倍数检测。

5. 摄像头模块设计

在水产养殖过程中，养殖人员需不定时到现场观察水产生长情况，费时费力，本系统搭载一款用于处理工业数字图像的图像采集、拍摄自动化控制、数据压缩、串口视频数据处理传输四位一体的图像视频采集模块。其核心采用内置的一种高性能数字信号图像采集和微处理核心技术集成芯片组并实现了对原始数码图像的高分辨比例高速数据压缩。图像输出编码格式采用国际标准 JPEG 格式，可直接自动兼容各种类型工业级图像数据采集软件和微控制处理器。通信接口配置了 3 线制晶体管 – 晶体管逻辑集成电路（TTL）和通用异步收发传输器接口（UART），可以实现与单片机和其他微控制处理器的连接，方便将数据上传到数据中心进行处理分析。具体参数如表 7 – 9 所示。

表 7 – 9　　　　　　　　　　摄像头相关参数

参数名	参数值
供电电压	3 ~ 5 伏特
工作电流	100 毫安
串口速率	115200
夜视红外补光	可选
监视距离	5 ~ 15 米
帧率	640 × 480 × 30 帧每秒
输出格式	标准 JPEG/M – JPEG
像素尺寸	5.6 微米 × 5.6 微米
镜头焦距	4.3 毫米
图像像素	30 万

本系统采用开发板的串口 3 作为与摄像头模块串口通信接口。开发板的串口 3 使用端口为 PB9 和 PB10，PB9 为 TX、PB10 为 RX 分别接摄像头的 TX 和 RX。由于开发板使用高的波特率，会出现传输不稳定的情况，所以这里使用 115200 的波特率进行传输，确保传输稳定性和传输的速度。摄像头模块采用 5 伏特供电。连接原理图如图 7 – 19 所示。

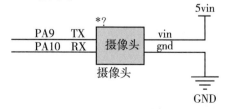

图 7 – 19　摄像头原理

资料来源：姚梁狄. 基于物联网技术的循环养殖水箱环境监控系统设计［D］. 舟山：浙江海洋大学，2022.

（四）通信模块及其他模块选型

1. Wi-Fi 模块设计

STM32 开发板需要通过 Wi-Fi 模块与物联网云平台连接，将传感器收集的数据上传至云端进行处理分析，同时接受云端下发的指令至开发板，实现自动化无线监控。目前市场上主要流行三款 Wi-Fi 芯片，分别为 CC3200、W600 和 ESP8266。分别比较三块芯片的各项指标，结果如表 7 – 10 所示。

表 7 – 10　　　　　　　　　　　芯片对比

芯片	功耗（W）	工作温度（℃）	价格（元）
CC3200	220	– 40 ~ 85	20
W600	10	– 40 ~ 85	10
ESP8266	10	– 40 ~ 85	5

由表 7 – 10 可知，ESP8266 在功耗最低的情况下价格最低，由于下位机传输大量的水质参数和图像包，所以选用 ESP8266 无线模块作为通信模块。该模块经串口转 Wi-Fi 芯片，支持 IEEE 802.11 b/g/n 协议标准，通过指令可实现快速入网。另外，该模块内置了完整的传输控制协议/网际协议（TCP/IP）协议栈，可为现有的物联网设备实现联网。该模块支持 UART、GPIO、I_2C、PWM、A/DC 等大量接口，支持多种休眠模式，实现低功耗。ESP8266 支持 STA、AP、STA + AP 三种工作模式，串口速率最高可达 4 兆比特/秒，非常适合在水产养殖环境中使用。具体特点功能如下：

（1）内嵌 Lwip 协议栈；

（2）内置高精度 A/DC；

（3）支持 AT 指令配置；

（4）支持 SDK 二次开发；

（5）支持 Smart config/AirKiss 配网；

（6）集成 Wi-Fi MAC/BB/RF/PA/LNA；

（7）支持 STA/AP/STA + AP 三种工作模式；

（8）支持多种休眠模式，深度睡眠电流最低可至 20 毫安；

（9）支持 UART/GPIO/I_2C/PWM/A/DC/HSPI 等接口；

（10）参数存储，掉电保留数据。

ESP8266 采用 TTL 串口发送 AT 命令对芯片进行配置，同时采用 5 伏特电压作为供电电源，使用开发板上的 USART2 串口作为控制 Wi-Fi 芯片的端口，对 Wi-Fi 芯片进行 AT 命令控制。连接原理图如图 7 - 20 所示。

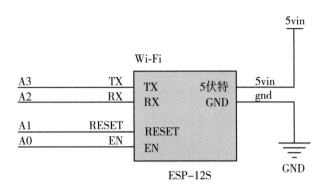

图 7 - 20　Wi-Fi 模块原理

2. 继电器模块设计

养殖水箱环境监控系统执行模块由继电器、制氧、投食、水泵和加热装置组成，主要负责接受执行云平台下发的指令。继电器模块通过电流通断方式实现对制氧设备、投食设备、加热设备和水泵的电源进行控制，达到设备启动和停止的目的。

本系统使用的是 4 路继电器输出模块，工作电压为 5 伏特，输出触点最大 250 伏特/10 安。输入分别接入 IN1、IN2、IN3、IN4 四个低电平有效信号线和 VCC、GND 两个电源输入端。

继电器模块说明主要如下：

（1）符合安全标准，设有隔离槽；

（2）动作指示灯，吸合亮，断开不亮；

（3）输入端低电平，公共端与常开端导通；.

（4）可控制 220 伏特交流负载；

（5）设有四个触点。

继电器可分为高电平触发和低电平触发。信号端与地有电压时，进行高电平触发，是信号端与 VCC 短路的触发方式；信号端与地无电压时，进行低电平触发，是信号端与 GND 短路的触发方式。本系统选用低电平进行触发，使用 I/O 管脚 PB6、PB7、PB8、PB9 四个管脚分别对四个继电器进行控制其原理如图 7 - 21 所示。

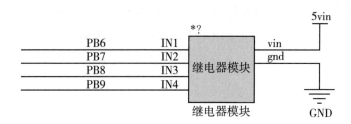

图 7 – 21　继电器原理

（五）连排多层复式型水箱设计

本系统设计了"连排多层复式型"养殖水箱。水箱底座和框架采用钛合金打造，底座四角连接四根顶柱，用"W"型加固角螺固定，最上层加上顶板。连接好外部框架后，将水箱嵌入至框架内，水箱大小设定在 1000 毫米 × 800 毫米 × 950 毫米，采用玻璃钢打造，具有良好的保温隔热效果。将多个水箱拼接固定在一起，组合成两排三层式复式水箱，在两排水箱间焊接钛合金板，同时设立扶梯，方便养殖人员近距离操作。

（六）养殖废水循环装置设计

本系统设计了养殖废水循环装置，以下为处理养殖废水的各个环节。养殖水箱内排出的养殖废水由循环水泵流入蛋白分离组合装置，通过物理过滤环节，利用气浮原理分离并去除水体中的细小悬浮物。组合装置由接触室、分离室、气泡发生器、填料等组成。接触室与分离室相连，气泡发生器悬浮于接触室，填料则内置于分离室。养殖水体与气泡发生器负压吸入的空气充分混合，由于空气被分散成无数细小气泡，此微小气泡粘附污水中细小悬浮物及胶体后上浮流入分离室，在重力作用下经一定分离时间实现固液分离，含污泡沫由集沫槽收集后排出，滤后水则在内置填料作用下被有机物进一步降解，净水由出水口流出。组合装置结构紧凑，去除水中细小悬浮物效率高，并兼具有机物降解及曝气增氧作用。气泡发生器采用港水曝气机，同时经过内循环流化床，进行悬浮物去除、有机物降解、增氧后回至复合水箱内，实现水体循环利用。

七、循环养殖水箱环境监控系统云—端—体化开发

前面我们对市面上已有的物联网平台进行分析比较，最后选择阿里云物联网

平台作为系统的云平台。阿里云物联网平台是一个集成了设备管理、数据安全通信和消息订阅等能力的一体化平台。向下支持连接海量设备，采集设备数据上云；向上提供云端 API，服务端可通过调用云端 API 将指令下发至设备端，实现远程控制。为开发者提供简便、高效的管理设备和数据，并在海量的数据之上构建物联网应用的平台，避免了硬件端异构性、连接协议异构性、数据格式异构性带来的开发困难。

本书所设计的养殖水箱环境监控系统在硬件设计开发后，通过 MQTT 协议与阿里云云平台对接，进行设备端开发和云服务开发，实现下位机采集数据的上发和上位机指令的下发，并在云端对采集的数据进行分析和处理，同时在云端进行 Web 应用开发和移动应用的一站式开发，实现物联网云—端一体式开发。

（一）设备端开发

1. 传感器模块程序设计

（1）温度传感器程序设计。

DS18B20 温度传感器使用单总线协议栈，所以需通过 I/O 口设置，程序在读取数据时需将双向数据总线（SDA）拉低时间对应传感器响应时间。DS18B20 程序要经过程序初始化、读数据、写数据、温度转换显示四个步骤。

步骤一：传感器数据初始化需先将数据总线拉低至 480 ~ 960 微秒，设置 480 微秒延时，接着拉高总线，延时等待 80 微秒，若读取到上一步的低电平数据，则延时 480 微秒。

步骤二：读取传感器数据需先将总线拉低，设置 1 微秒延时后释放总线，将数据位拉高，延时 6 微秒等待数据的稳定，接着从最低位开始读取数据，读取完后等待 48 微秒再读取下一个数据，最后将读取完的数据保存。

步骤三：传感器写数据需先将总线拉至低电位，设置 15 微秒延时，从最低位开始写入数据，接着设置 60 微秒延时，将总线拉至高电位，发送完毕后释放总线。

步骤四：经过上述步骤后就能获取到数据，需经过温度转换获得用户想要的数据。转换数据格式和程序流程如图 7 - 22 和图 7 - 23 所示。

（2）浑浊度和 pH 传感器程序设计。

浑浊度传感器和 pH 传感器输出方式都是模拟信号传输，需要用到开发板上的 A/DC 数模转换器。STM32F103C8T6 核心板自带 2 个 A/DC 转换器，本系统通过 A/DC1 多通道口对传感器信号进行采集，选择 PB0 和 PB1 口分别对浑浊度传

	BIT 7	BIT 6	BIT 5	EIT 4	BIT 3	BIT 2	BIT 1	BIT 0
LS BYTE	2^3	2^2	2^1	2^0	2^{-1}	2^{-2}	2^{-3}	2^{-4}
	BIT 15	BIT 14	BIT 13	EIT 12	BIT 11	BIT 10	BIT 9	BIT 8
MS BYTE	S	S	S	S	S	2^6	2^5	2^4

S=SIGN

图 7 – 22 转换数据格式

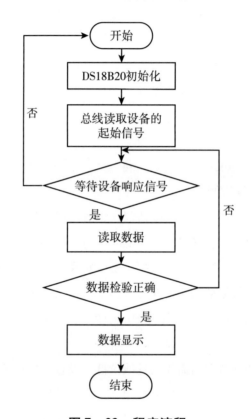

图 7 – 23 程序流程

感器和 pH 传感器进行数字信号转换，输出开发板能识别的信号。在程序运行前需对 A/DC 模数转换器进行初始化设置，具体步骤如下：

步骤一：选择模拟输入通道 PB0 和 PB1；

步骤二：开启 PB 口时钟和 A/DC 时钟，配置模式为输入模式；

步骤三：A/DC 初始化配置，同时设置 A/DC 分频因子；

步骤四：初始化 A/DC_CCR 寄存器；

步骤五：初始化 A/DC1 参数，设置 A/DC1 工作模式和规则序列；

步骤六：使用 DMA 请求，配置工作通道参数；

步骤七：启动 A/DC 转换；

步骤八：开启软件转换。

（3）摄像头模块程序设计。

根据摄像头的拍照流程，需要根据摄像头的通信协议在程序中编写相应的函数从而对摄像头进行控制和属性的设置等。首先进行一些宏变量的定义，如压缩率和图片尺寸等一些固定变量设置为宏变量，方便函数中调用。具体步骤如下：

步骤一：设置摄像头自动拍照的手机图片大小和设置分辨率控制指令；

步骤二：复位手机图像处理指令；

步骤三：设置摄像头自动拍照的图片质量和设置图片压缩率速度控制指令；

步骤四：发送手机摄像头设置拍照操作的指令；

步骤五：发送并再次开始读取，按照拍一张图片的时间长度缓存数据图片的指令；

步骤六：根据第五步所拍照需要再次获得的缓存数据和所拍图片缓存时间数据长度分别设定发送再次开始读取下一张所拍图片的时间数据长度指令；

步骤七：发送清空的图片缓存数据图片指令；

步骤八：如果再次开始使用一张图片再次拍照，则系统会自动重新返回步骤四，然后重新再次开始下一张图片清空后的缓存数据图片的再次拍照；

步骤九：清空缓存指令。

根据本次摄像头的通信协议需要进行驱动程序的编写，读取摄像头图片数据的指令与回复 get_photo_cmd 前 6 个起始字节都是固定的；第 9、第 10 字节起始地址是摄像头图片的低字节和起始末尾地址；第 13、第 14 字节起始地址是摄像头图片的高字节和末尾起始地址，即本次摄像头读取的图片长度；如果图片是一次性地读取，第 9、第 10 字节的图片起始地址分别是 0x00，0x00；第 13、第 14 字节起始地址是本次图片读取长度的最高字节和最低字节（如 0xa0，0x00）；如果图片是分次读取，每次摄像头读取有 n 字节（n 必须是 8 的最小倍数）读取长度，则图片起始末尾地址最先从 0x00 读取 n 字节长度（例如 n&0xff00，n&0x00ff），后几次摄像头读取的图片起始末尾地址也就是图片上一次摄像头读取数据的最高字节和末尾起始地址。由于 STM32 的摄像头存储数据空间有限，所以本次摄像头系统主要采用分次读取分次数据传输的工作模式，进行了摄像头读取图片的上一次读取和数据分次传输。

程序根据需要读取的图片数据分次进行读取，每次读 n（256）个字节，循环程序使用指令读取图片数据的指令连续读取 m 次或者（m + 1）次读取程序执行完毕。

如第一次执行后回复格式：

76 00 32 00　< FF D8 … N > 76 00 32 00

下次执行读取指令时，起始地址需要偏移 N 字节，即上一次的末尾地址，回复格式：

76 00 32 00　< … N > 76 00 32 00

……

76 00 32 00　< … FF D9 > 76 00 32 00（最后一帧数据长度 lastBytes < = N）

Length = N × M 或 Length = N × M + lastBytes

由于 STM32 板载的内存容量有限，系统使用 Wi-Fi 传输图片数据的时候需要分次传输，因为即使系统将图片大小设置为比较小的 320 × 240 的尺寸，但单个图片的容量大小也要 40 千字节左右。所以这里将图片分次进行传输，以便更好地利用单片机的性能，同时保证传输有效性。

摄像头模块流程图如图 7 - 24 所示。

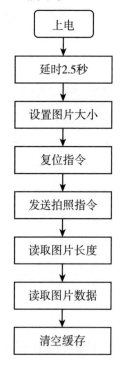

图 7 - 24　摄像头模块流程

2. 通信模块程序设计

Wi-Fi 模块在程序中采用了串口 2 进行无线通信数据传输，Wi-Fi 模块首先输入需要虚拟主机控制片选的信号，程序中先将片选的信号置于最高位进行片选。其次单片机使用程序中 AT 的命令对模块进行单片机通信性能的测试，模块完成后会向单片机返回"ok"，单片机通过串口 2 信号接收到后证明了双方的通信正常。把整个模块直接设置为使用模式 2（即 ap 模式），因为模块需要直接作为无线服务端管理器提供的服务程序，所以把模块设置成使用模式 2 进行整个 Wi-Fi 的连接。通过程序中 AT 的命令，设置需要连接的无线路由器的注册用户名和密码进行整个无线连接。然后通过程序中的 AT 命令，与无线服务器的地址进行连接。同时在程序中设置无线服务器的主机地址和无线端口号码来进行无线连接。最后在程序中设置无线通信为串口透明传送的传输模式，这样整个 Wi-Fi 模块设置为连接完成，也可以用串口 2 进行通信数据的传输。部分模块源代码的说明如下：

```
//配置 Wi-Fi
ESP_Choose（ENABLE）;
ESP_AT_Test 0;
ESP_Net Mode_Choose（AP）;
ESP_Enable_MultipleId(ENABLE);
/ * 开启 ESP 模块 AP 模式 – 作为服务器 – 端口 5000,超时时间 2000 * /
Server_OK = ESP8266_StartOrShutServer(ENABLE,Server port,Server_Time)
```

（二）云服务开发

1. 创建项目和产品

进入阿里云官网后，在首页下拉导航栏，选择物联网应用开发服务进入 IoT Studio 控制台。在左侧导航栏选择"项目管理"，阿里云提供了大量的项目模板，可以根据自己的需求选择合适的模板，方便后续开发。单击"创建项目"，生成专属的物联网项目。

进入项目后，单击左边导航栏的"产品"，选择"创建产品"，在创建产品过程中，需要输出产品名称，选择"自定义品类"，"节点类型"有"直连设备""网关子设备""网关设备"，直连设备是指直接通过基站、无线通信模块连接物联网平台的设备；网关子设备是指通过网关接入的设备；网关设备一般指的是边缘服务器。本系统选择直连设备接入，根据设备的联网模式选择联网方式。本系统是通过 Wi-Fi 联网，所以选择"Wi-Fi"。"数据格式"选项中有"ICA 标准数据格式"和"透传/自定义格式"，根据系统需求选择合适的数据格式。最后，选择"认证方式"，绑定设备密钥，点击确认完成创建。

2. 物模型定义和创建设备

创建完产品后，单击"查看"按钮，进入产品详情界面，选择"功能定义"。产品功能即物模型，是设备通过属性、服务和事件在云端的具体功能表现。创建物模型后，建立设备和云平台的连接。养殖水箱环境监控系统物模型定义如表 7－11 和表 7－12 所示。

表 7－11　　　　　　　　　　传感器物模型定义

功能类型	名称	标识符	数据类型	取值范围	步长	单位
属性	温度	Temp	float	0～50	0.1	℃
属性	浑浊度	AD1	float	0～5	0.1	NTU
属性	酸碱度	PH	float	0～14	0.1	pH
属性	水位	Water Level	float	0～100	0.1	厘米

表 7－12　　　　　　　　　　执行器物模型定义

功能类型	名称	标识符	数据类型	取值范围
属性	水泵	Pump	bool	0－关 1－开
属性	加热	ADDO2	bool	0－关 1－开
属性	增氧	Heating Switch	bool	0－关 1－开
属性	投食	Feed	bool	0－关 1－开
属性	摄像头	Camera	bool	0－关 1－开

创建完物模型后单击"发布上线"，单击产品详情页面查看产品证书，每个产品都会有对应的 ProductSecret 和 ProductKey，用于一型一密的认证方案。单击左侧导航栏设备，选择"添加设备"，关联创建的产品，生成 DeviceName，单击"确认"，完成设备创建。在设备详情页面查看设备证书，可查看到三元组信息（ProductKey、DeviceName、DeviceName），用于一机一密的认证方案。

3. 设备接入云平台

在完成设备创建后，下载阿里云提供的 C 语言 SDK，通过 MQTT 协议实现设备上云。具体开发步骤如下：

步骤一：安装 Ubuntu 16.04；

步骤二：执行以下命令，安装 GNU 编译器套件（GCC）和 Make：sudo apt-get-y install gcc make；

步骤三：下载阿里云提供的 Demo 文件，在开发环境下解压；

步骤四：打开 ./LinkSDK/demos/mqtt_basic_demo.c 文件，将三元组信息和 mqtt_ host 参数填入：

char * product_key = "${YourProductKey}";

char * device_name = "STM32f103";

char * device_secret = "${device_secret}";

char * mqtt_host

= "${YourProductKey}.iot − as − mqtt.cn − shanghai.aliyuncs.com";

步骤五：配置设备订阅 Topic：

char * sub_topic = "/${YourProductKey / STM32f103/user/get";

res = aiot_mqt_sub(mqtt handle, sub_topic, NULL, 1, NULL);

if(res < 0){

printf("aiot_mqtt sub failed, res：−0x%04X\ln", −res);

retum −1;}

步骤六：在 Link SDK 根目录下运行 Demo 文件，生成 ./output/mqtt-basic-demo；

步骤七：返回设备详情界面，查看设备运行状态。

（三）云平台业务逻辑开发

IoT Studio 平台将一些云服务中频繁使用的子服务进行封装处理，用户只需将封装好的服务进行一定的逻辑组合，进行业务逻辑开发。

在项目详情界面，点击左上角下拉菜单，进入业务逻辑开发界面。类似上述创建项目页面，阿里云为用户提供了大量业务逻辑开发模块，用户可以根据自己的需求进行选择。点击创建空白模板，输入业务服务名称，绑定所属项目，单击"确定"，完成创建。

进入业务逻辑开发界面后，在左侧节点栏选择阿里云为用户封装好的子服务。有触发节点、输出节点、功能节点、设备节点等一系列节点。用户根据自己的需求，将节点以拖拉拽的形式在工作台上进行逻辑编排，实现不同的功能。

　　本系统需实现云端对设备端执行模块的自动化控制。选择"设备触发"节点，将其拉至工作台，绑定产品和设备，触发条件选择"属性上报"，选择全部属性。选择"Python 脚本"节点，用 Python 语言设置关键参数阈值，写入触发事件，如当水位小于 80 厘米时，水泵自动打开；当水位大于 85 厘米时，水泵自动关闭。选择"设备"节点拉至服务台，绑定需控制的设备，操作类型选择"设备动作执行"，下发数据选择"属性"，执行设备都选择"来自节点"，填写对应的变量名。然后按节点先后顺序，将节点首尾相连，点击保存，部署调试。

（四）可视化界面开发

　　IoT Studio 针对 Web 应用和移动应用开发向用户提供了两种开发模式：一种是基于阿里云提供的架构，进行代码编写，开发自己的页面，非常考验用户的编程能力；另一种是基于 IoT Studio 提供的可视化组件，以拖拉拽的形式进行开发，用户不具备编程能力也能很快上手，设计出自己的页面，非常适合初学编程者。本系统使用第二种开发模式进行可视化界面开发。

1. Web 应用开发

　　可视化界面开发是物联网云服务开发中一个必不可少的环节，能清晰、直观地将传感器数据实时动态显示，实现人机交互。

　　在项目详情界面，点击左上角下拉菜单，选择 Web 可视化开发选项，进入页面后点击新建空白应用，输入应用名称，点击"确定"按钮进入 Web 可视化开发控制台。工作台左侧导航栏有页面管理和组件管理，在页面管理中可以选择导航栏布局格式和新增页面操作，根据系统的需求创建页面个数。组件管理栏是阿里云提供的 UI 组件，如仪表盘、时钟、按钮、轮播图、弹窗、各种类型的图表等，根据系统的需求组合各种组件，阿里云还提供大屏组件，用户可以直接在大屏组件上进行修改，节省开发时间。

　　本系统根据需求需要设计了一个传感器数据显示窗口、天气预报窗口、视频图片获取窗口、传感器数据动态曲线显示窗口和设备控制窗口。

　　传感器数据显示窗口通过文字、图片和文本框实现。文本框组件中的文字可以配置数据源，绑定到设备，选择想要获取的属性。

　　具体步骤如下：在左侧组件窗口，将图片、文字、文本框依次拖入文本框进行组合，点击文本框，在右侧样式栏中点击"配置数据源"，选择产品和设备，根据需求选择设备属性或者设备事件，本次操作是获取传感器数据，所以选择设备属性项，在属性栏中选择需显示的传感器。点击"确认"完成配置。

传感器数据动态曲线显示窗口通过文字和实时曲线组件实现。具体操作步骤如下：在组件栏将文字和实时曲线组件拖入工作台，点击实时曲线组件，在右侧样式栏中设置组件名称和组件样式，点击"配置数据源"，关联产品和设备，选中设备历史数据可以获取过去 3 小时内设备的数据，在属性栏选择需要显示的属性，配置实时数据时间段，点击"确认"完成配置。

设备控制窗口由文字组件和开关组件实现，具体操作如下：在组件栏将文字和开关组件拖入工作台，点击开关组件，在右侧样式栏中设置组件名和样式，点击"配置数据源"，关联产品和设备，关联产品和设备，在属性栏选择需显示的属性，点击"确认"完成配置。

用户可以根据系统需求添加其他组件，操作步骤如上述步骤，在完成 Web 应用开发后，在右上角点击"发布"。

2. App 界面开发

IoT Studio 还提供了移动应用开发平台，操作跟 Web 应用开发一种通过云平台提供的组件，用拖拉拽的方式将组件排列组合，得到信息丰富的 App 应用界面。

在项目详情界面，点击左上角下拉菜单，选择移动应用可视化开发选项，进入页面后点击新建空白应用，输入应用名称，绑定项目，点击"确定"按钮进入移动应用可视化开发控制台。工作台左侧导航栏有页面管理和组件管理，在页面管理中可以选择导航栏布局格式和新增页面操作，根据系统的需求创建页面个数。

本系统移动应用需要创建 3 个页面，分别是水质检测页面、远程控制页面和摄像头页面。水质检测页面需显示传感器数据，以文字和仪表盘形式显示；远程控制页面需设置设备控制按钮；摄像头页面需显示采集图片和控制按钮。

在左侧导航栏选中页面，在右侧配置栏将页面设置为首页，配置页面顶部导航栏和底部导航栏样式。在组件栏将文本框、图片、仪表盘组件拉入控制台。点击图片，在右侧样式栏选择图标样式，也可以从本地上传图片作为 App 图标。点击文本框组件，在右侧样式栏配置数据源，关联设备和产品，在属性界面选择需要显示的属性。点击仪表盘组件，在右侧样式栏配置样式和名称，设定数据范围，点击"配置属性按钮"，关联产品和设备，选择需要显示的属性，点击确认完成配置。

在左侧导航栏点击新建页面，在右侧配置栏配置页面顶部导航栏和底部导航栏样式。在组件栏将文字、图片、开关组件拉入控制台。点击图片，配置 App 图标。点击开关组件，在右侧样式栏配置样式和名称，点击"配置属性按钮"，关联产品和设备，选择需要控制的属性，点击"确认"完成配置。

在左侧导航栏点击新建页面，在组件栏将文字、图片、按钮组件拉入控制台。点击图片，配置数据源。点击按钮组件，在右侧样式栏配置样式和名称，点击"配置属性按钮"，关联产品和设备，选择需要控制的属性，点击"确认"完成配置。

第二节　基于物联网技术的新风除湿控制系统设计与开发

一、国内外研究成果

（一）国外研究成果

在北欧，最早的中央新风系统存在至今已有半个多世纪的历史了，当时西方国家为了节约能源，很大程度上提高了建筑物的气密性，由此导致室内通风率不足，使室内空气污染事件频频发生，为改善室内空气品质，欧洲最先提出了现代室内新风的研究思路，并研发制造了一种适用于各种场所的低噪声、高静压的送风机，即新风除湿系统的雏形。经过多年的技术研究发展，在 2000 年，新风除湿系统的住宅标准在欧盟得到统一，随后新风除湿系统在欧洲的发展更加快速，应用普及率迅速提高，之后，新风除湿系统在欧洲和美国的家庭普及率已经高达90% 以上，德国的新风系统普及率甚至达到了 99%[1]。在新风除湿系统的发展进程中，既有综合实力强的老牌工业巨头如松下、霍尼韦尔等在新风市场一直保持强劲的竞争力，也有像造梦者、迈迪龙等专业新风制造商从行业中脱颖而出，为新风市场注入活力，二者共同推动了新风行业的不断进步与发展。

松下公司主研方向是薄型全热交换新风除湿系统，采用独特的双重过滤机制，将室外新风侧过滤器与室内送风侧过滤器相结合，更加有效地滤除 PM2.5 颗粒，在优化风量、静压、噪声、轻薄性以及热交换率的前提下，整机净化率超过 98%[2]。此外，松下新风在智能控制方面一直处于行业前沿，用户既可以使用

---

① 李久林. 智慧建造关键技术与工程应用［M］. 北京：中国建材工业出版社，2017：332.
② 打造健康新家 松下发布新一代家用新风产品［EB/OL］. 松下电器（中国）有限公司，2017－12－28.

传统的嵌入式家居控制器完成日常的操作控制，也能借助物联网模块将设备接入松下手机端控制系统，以实现协同管理。

霍尼韦尔新风除湿系统研发时，致力于将高效空气净化技术与智能全房通风系统相结合，引入经过过滤和净化的新鲜空气，同时排出浊风，高效的工作方式可确保室内湿度稳定在舒适范围内，能够有效地去除室内潮湿空气。霍尼韦尔新风除湿系统在控制端可以自由选择新风模式、除湿模式及新风除湿自动模式，在自动模式下，主机会根据不同传感器的反馈结果与设定相比较，从而自动选择运行模式。

造梦者新风系统采用五层塔式滤网结构，全面提升了污染物净化效率和滤芯使用寿命，并且在竖井式风道结构下，可使出风口速度变大，从而快速进行新风净化换气，同时在动态恒温电辅热系统的支持下，可以实现寒冷季节智能控温，更好地满足新风需求。在智能控制方面，造梦者新风采用了独立显示仪以及面板触控、App 控制、语音控制三种控制方式，可以实时监测房间内任意区域的空气质量并进行远程调节。

（二）国内研究成果

我国新风除湿系统的发展起步相对较晚，普及程度也不高，但市场潜力非常大。

目前国内自主研发的新风除湿系统主要集中为两种：第一种是以三个爸爸为代表的新兴互联网品牌，通过资本整合、网络市场营销迅速占据市场的一席之地，成长速度令业内惊叹。三个爸爸技术团队研发的智氧新风系统采用小体积、大风量、超静音的设计理念，并使用高效滤网保证出风口 PM2.5 为 0，采用严格的杀菌技术去除空气中的各种病毒和细菌，确保空气洁净[①]。在系统的智能管理和远程控制方面，亦有不俗的造诣，全面提升了系统控制端的智能化程度。

第二种是家电品牌巨头强势介入新风领域。其中，空调品牌在新风领域的布局最为迅速，美的、格力、海信等头部品牌迅速占据主动权，在新风除湿领域的基础之上，积极推动家电品类之间的融合创新、集成发展，"新风＋空调"模式应运而生，基于降碳增氧的发展趋势和环保健康的生活理念，推出了迎合人们智慧家居生活愿景的壁挂式和柜式新风解决方案，为空调与新风产业的融合发展提供了全新的思路。

---

①　张建茂.新品类掘金［M］.北京：中华工商联合出版社，2020：197.

海信立足于新风空调模式推出了全新的新风增氧空调，可以在 3 分钟内将净化的新鲜空气送至房间的各个角落，同时有效提高氧气浓度。开机 3 分钟，满屋是新风，海信新风在很大程度上解决了室内空气高效焕新这一行业难题，而且在保持最大风量的同时，依然能够保持最低噪声，一度成为市场增长的新风口。[①]

格力发布了以双向流换气技术为主的新风空调，在全世界范围内首次将全热交换技术超前性地应用于空调领域，将新风系统和空调的优势全面结合，不仅可以为室内引入新风，排出浊气，而且可以在空气循环流通的过程中，通过全热交换芯使新风温度接近室温，避免室内温度波动，保持房间温度舒适，成为了现代家居绿色化、智能化、健康化的业界榜样。

美的着力打造"全健康"新风体系，全新升级换新风无风感功能，构建了以微正压换新风、美的巴氏高温除菌技术、第四代智清洁等核心技术为主的全健康体系，满足了人们对于健康舒适生活的期待。同时，美的积极践行全面数字化、全面智能化的战略理念，联合 IoT 行业的各领域顶级企业，领衔新风空调行业进行智能化转型，致力于带领整个行业向着节能高效、绿色健康、集成化以及智能化方向发展。

基于对国内外新风除湿系统发展状况的分析，目前新风除湿系统的智能化大行其道，随着物联网、人工智能进一步深入涉足新风除湿领域，手机智能操控型新风除湿设备逐渐占领市场，发展以物联网技术为核心的智能新风除湿控制系统正当其时。

二、新风除湿控制系统总体设计

（一）新风除湿系统整体设计要求

经过多年的技术发展和沉淀，新风除湿系统在基础功能的发展上已趋于成熟，逐渐形成了以双向流换气技术为核心的产业趋势，伴随行业更新迭代进程，物联网技术飞速发展，智能家居生活理念不断深入人心，人们在智能控制和集成性上对新风除湿系统有了更高的要求，发展以物联网技术为核心的智能新风除湿控制系统成为当下的主流。

本章节将基于物联网技术进行新风除湿控制系统的开发设计，以期实现对家

---

① 苏亮. 大新风量却难除异味？海信新风空调实力焕新空气［J］. 家用电器，2022（5）：78.

居环境的实时监测以及对新风除湿系统的远程控制。基于对物联网相关技术和用户需求的分析，本书对新风除湿控制系统提出以下设计要求。

首先，新风除湿控制系统应实现对循环通风、中央除湿和净化空气等基础功能的灵活控制，提升家居环境空气质量，保持室内合适的湿度。在新风循环过程中使新风温度接近室温，保证室内温度稳定，配备辅热系统，在寒冷的季节同样实现智能控温，从而进一步提高温度舒适度。此外，控制系统应该支持自由选择运行模式，并根据具体家居环境状况和个人生活习惯，灵活选择不同的工作模式。

其次，新风除湿控制系统应该具有稳定安全传输信息的家居无线传感网络，以便接入传感器节点和新风除湿机组控制节点，实时监测家居环境信息，及时响应系统控制命令，在网络覆盖范围内实现设备之间协同工作。家居无线传感网络需要具备自组织能力，可以动态调整网络拓扑结构，当节点故障或者受到干扰时，网络可以自动修复，以此保证数据传输的稳定性、正确性和可靠性。此外，在部署大规模传感器网络时，应该尽可能减少传感节点的功耗，同时要求尽量降低成本。

最后，新风除湿控制系统应该提供给用户更加人性化的交互界面并且可以实现远程智能手机 App 控制，同时兼顾室内显示面板触控和手机 App 远程控制两种控制方式。在室内，配置独立的新风除湿系统中控显示屏，接收家居无线传感网络上传的数据，实时显示室内环境空气状况，并通过面板触控的方式向网络中的终端控制节点发送指令，实现系统开关控制、风速调节、网络管理和模式切换等功能。此外，中控显示屏可作为家庭网关，将数据传送至云平台，并依托云平台进行手机 App 开发，最终可以通过手机实现对家居环境的实时监测和对新风除湿系统的远程控制。

（二）系统整体设计方案

在充分考虑技术发展、用户需求以及系统功耗、成本的基础上，本文提出了基于物联网技术的新风除湿控制系统设计方案，以实现对系统的实时监测和远程智能控制。

新风除湿控制系统的开发设计主要分为两大部分：搭建家居无线传感网络和新风除湿系统控制端设计，其中控制端包括家居中央控制面板以及手机 App 控制端。

本部分采用 ZigBee 技术搭建家庭无线传感网络，将各个传感器和新风除湿等终端控制模块接入 ZigBee 网络节点，从而在网络中进行数据采集和传输，更好地进行信息感知以及对新风除湿机组的协调控制。一方面将采集的家居环境信息和自身状态信息、网络状况上报家庭网关，另一方面接收控制端的控制命令、网络配置等信息，并在家居无线传感网络内部数据路由，保证由目的设备接收并执行。

文中采用物联型串口触摸屏作为本系统的家居中央控制面板，通过串口和 ZigBee 无线传感网络中的协调器采集节点进行通信，从而获取家居环境数据信息并直观地展示在显示屏上，同时通过面板触控下发控制命令。此外，物联型触摸屏因内置 Wi-Fi 功能模块可设计为家庭网关，用以连通家庭内部无线传感网络和外部互联网，既可以管理和配置家居内部网络，又能够保持和外部网络的交互，本文中家庭网关将数据传送至阿里云服务器进行数据中转，并通过阿里云 IoT 提供的生活物联网平台进行手机 App 开发，该平台针对设备连接、设备管理和移动端控制等问题，提供了系统的配置化方案，大幅降低了完成设备端、云端和手机 App 端互联的开发成本和开发难度。

（三）系统特色与创新点

本部分所设计的新风除湿控制系统将物联网技术和传统控制技术进行了深度融合，连通了家庭无线传感网络和互联网，实现了由家庭局域网向广域网的延伸，完成了设备端、云端和 App 控制端的互联互通。

ZigBee 技术的大规模部署和应用，使家庭无线传感网络的组网更加灵活，自组织网络和网络自修复使数据路由更加安全可靠，可扩展性组网增加了系统的兼容性和集成性，使系统有了可供扩展的空间，可将其他家居设备的主控制模块作为终端节点接入 ZigBee 网络，让更多家居家电的控制系统集成在一起，进行协调控制，更好地打造智慧家居生活。

在新风除湿系统控制端，兼顾了家居内部中央控制面板和手机 App 远程控制两种控制方式，并将物联网家庭网关集成在家庭中央控制面板之上，利用便捷的人机交互模式，既方便了对家庭内部网络的配置和管理，也可以更加灵活地连接云平台，进一步提升了系统的交互性和智能性。

（四）建立 ZigBee 无线传感网络

采用 ZigBee 技术建立家庭无线传感网络，并将相关的传感器和新风除湿功能模组的驱动控制模块接入 ZigBee 设备节点中，旨在更好地进行对生活家居环境的信息感知以及对新风除湿机组的协调控制。在 ZigBee 无线传感网络中，各个设备节点可以将感知采集的家居环境信息以及网络状态信息上报家庭网关，同时，也将接收新风除湿系统控制端下发的命令信息，并在家居无线传感网络内部进行数据路由，将命令信息转发至相应的设备节点进行解析处理，驱动对应的控制模块以实现终端控制。

1. 无线传感网络整体设计方案

在进行 ZigBee 无线传感网络设计开发时，硬件上需要支持 ZigBee 底层协议的某种芯片，软件上需要 ZigBee 协议栈的支持，ZigBee 协议栈主要负责完成网络建立、数据路由等通信功能，硬件芯片模块则负责承载协议栈的运行并完成相关的数据采集和终端驱动控制等功能。基于上文对 ZigBee 技术的梳理分析，本书采用以 CC2530 无线射频芯片为核心并运行 Z-Stack 协议栈的设计方案，建立家庭无线传感器网络以进行数据采集和处理，并且在协议栈应用层编写程序以完成系统的功能需求，最终实现在网络覆盖范围内的设备之间的工作协同。

（1）无线传感网络功能需求分析。

将以协调器节点作为系统的采集节点，终端设备节点则根据功能的不同分为传感节点和控制节点两种类型，首先以协调器采集节点为核心并连接各个终端设备节点从而建立星型结构的 ZigBee 无线传感网络，然后建立协调器节点和各个终端传感和控制节点之间的绑定关系，最终实现设备节点之间的无线通信和协同管理。

其中，协调器节点作为采集节点在上电激活之后负责建立网络，同时开启允许绑定功能。终端设备传感节点和控制节点在 ZigBee 网络中分别负责采集感知室内环境信息以及对新风除湿功能模块的驱动控制，各个终端传感和控制节点在激活启动之后自动加入网络，并主动向协调器节点发起绑定请求。在协调器采集节点和各个终端设备节点成功建立绑定关联之后，终端传感节点将通过连接的各种传感器获取环境温湿度、空气质量等外界信息，并发送至协调器采集节点，经协调器节点统一处理之后，再通过串口将采集的数据上传至网关，同时，协调器也接收系统控制端发出的新风除湿控制命令，并通过对数据的解析处理将命令转发至相应的终端设备控制节点，再由接入终端控制节点的各个新风除湿功能模组具体执行。

（2）核心射频芯片 CC2530。

书中以 CC2530 芯片作为 ZigBee 各个设备节点的核心主控芯片，它是一款兼容工业标准增强型 8051 内核，且支持 IEEE 802.15.4 协议的无线射频芯片，可以承载 ZigBee 协议栈并进行应用程序开发，从而建立 ZigBee 无线传感网络。

CC2530 的整体架构内部集成了业界领先的 RF 收发器、系统可编程的 256 千比特闪存、8 千比特 RAM、两个可复用 SPI 接口的 UART 串行接口、21 个 GPIO 口和许多其他强大的功能，不仅可以实现 ZigBee 网络的无线通信功能，而且提供了充足的存储资源以及强大的运算能力。

CC2530 芯片集成的增强型 8051 内核不仅取消了无用的总线状态，而且将指令周期从标准的 12 个时钟缩短为 1 个时钟，大幅提高了指令的执行速度，并且对内核结构做了相应的改善，提升了 CPU 的整体性能。

CC2530 内部将存储空间划为四个不同的部分，并且分别为程序存储和数据存储单独分配了空间，同时允许部分存储空间之间的重叠现象，提高 DMA 传输效率。此外，CC2530 内部集成 256 千比特闪存，可以为设备提供在线可编程的非易失性程序存储器，不仅可以用于保持程序代码和常量，还允许应用程序保留必要的数据，以保证这些数据在设备重启后可以继续使用。因此，非易失性存储器常用来保存无线传感器网络的各种配置参数，以便设备重启之后可以直接加入网络，不再重复网络寻找和网络加入请求等步骤。

CC2530 芯片有 5 种不同的电源运行模式，分别可以对应不同的供电模式，并如表 7 - 13 所示，将电源的低功耗运行模式进行了更加细致的区分，同时各个电源模式之间的切换非常快，可以达到系统控制端的超低功耗要求。其中，主动模式一般是工作模式，芯片功能完全开启，而 PM3 模式是最低功耗模式，所有的振荡器都不运行，CPU 内核和数字稳压器也处于关闭状态，芯片设备模块进入睡眠状态，在复位或外部中断发生时被唤醒激活，转到主动工作模式。此外，如表 7 - 13 所示，CC2530 芯片可以通过调整各核心模块的运行状态切换不同的电源模式，以应对复杂的工作状况，并进一步实现超低功耗运行。

表 7 - 13　　　　　　　　　　CC2530 不同供电模式

供电模式	CPU 内核	高频振荡器	低频振荡器	数字稳压器
主动模式	开启	开启	开启	开启
空闲模式	关闭	开启	开启	开启
PM1	关闭	关闭	开启	开启
PM2	关闭	关闭	开启	关闭
PM3	关闭	关闭	关闭	关闭

在 ZigBee 无线传感网络设计开发时，CC2530 芯片不仅需要保障 ZigBee 设备节点的自组织网络和无线通信能力，也要通过配置芯片 GPIO 口保证终端设备节

点感知采集周围环境信息以及驱动控制新风除湿功能模块的能力。本节中，通过配置芯片相关的 IO 寄存器可将 CC2530 的部分数字 I/O 引脚和 ADC、USART 和定时器等外部设备相连接，并通过编写应用程序实现设备功能，将采集感知的室内环境状况信息转换为数字信号，并通过 ZigBee 协议栈的调度将数据转发至协调器节点，最后由协调器通过 USART 串口将数据发送至家庭网关。

（3）Z-Stack 协议栈。

Z-Stack 协议栈是由 TI 公司研发的支持 ZigBee 通信标准的协议栈，采用分层的思想进行架构设计，各层目录之下均提供给用户大量可供调用的函数接口。此外，Z-Stack 协议栈是一种半开源性质的协议栈，其安全模块、路由模块、网络支持部分等关键代码都以函数库的形式封装起来，只供用户调用但不提供具体代码实现细节，稳定性高，开发应用成本低，同时用户可以在应用层灵活编辑自己的工程项目以实现工程目的。

Z-Stack 协议栈各层之间相互独立，每一层都为上层提供必要的服务，结构脉络清晰，方便程序设计和调试。Z-Stack 协议栈总计有 14 个目录文件，其下又各自拥有多个目录和文件，提供了大量的可供用户调用的函数接口，并实现了底层硬件的驱动控制。协议栈架构目录自上而下依次是 App 应用层目录、HAL 硬件层目录、MAC 访问控制中间层目录、MT 串口监控调试层目录、NWK 网络层目录、OSAL 协议栈的操作系统抽象层目录、Profile 应用框架层目录、Security 安全层目录、Tools 工作配置目录、ZDO 设备管理层目录以及 ZMAC 和 ZMain 主函数目录等。其中，用户主要在应用层目录之下创建编写自己的应用程序文件，以实现 ZigBee 网络的具体功能需求。

Z-Stack 协议栈根据操作系统的架构进行设计，并采用任务事件轮询机制，协议栈在工作时，首先初始化各层任务函数和硬件驱动，然后进入低功耗模式休眠，当事件发生时，由中断触发唤醒系统，转入工作模式处理事件，结束后继续进入低功耗模式。如果同时发生多个事件，则判断优先级并逐步处理。此外，在 Z-Stack 协议栈内部集成了由 TI 公司设计的 OSAL 操作系统抽象层作为整体调度程序进行事件和任务管理，可将整个协议栈视作事件轮询式的小型操作系统，并通过 OSAL 进行消息管理、任务同步、中断管理以及内存管理等，从而极大地降低系统的功耗。

2. ZigBee 网络硬件设计

在硬件层面上，本章节以无线射频芯片 CC2530 为核心，设计外围电路并搭载天线设备组成最小 ZigBee 核心模块，然后根据 ZigBee 协调器节点和终端设备节点不同的功能需求分别进行硬件模块电路设计，并完成相关原理图和 PCB 的设计，在完成应用程序开发并测试通过之后，将程序分别烧录至相应的设备节点，最终完成 ZigBee 设备的硬件设计。

（1）ZigBee 核心硬件模块。

CC2530 是支持 ZigBee 底层通信协议的无线射频芯片，可以对无线数据进行调制和解调，并进行相应的处理，但是在不搭载天线设备的情况下，芯片仍然不能够直接用来接收和发送数据信息。

本章节以无线射频芯片 CC2530 为核心，增加了必要的外围电路和外置天线等器件组成 ZigBee 设备最小核心模块，在 ZigBee 设备的整体硬件架构中，ZigBee 最小模块是所有设备的核心部分，它在 CC2530 射频芯片的基础上搭载了天线设备，使最小核心模块可以实现最底层的无线数据收发，是各个 ZigBee 设备之间实现无线通信的基础。

天线是用来发射和接收无线电波的装置，是无线通信网络中的关键部分，在 ZigBee 模块硬件设计中，天线和巴伦匹配电路的设计对于 ZigBee 无线传感网络的通信距离、通信质量以及系统功耗有较大影响，天线选型设计时通常以倒 "F" 天线、螺旋天线等 PCB 天线和具有 SMA 接口的外置杆状天线为主，综合考量其性能、成本和尺寸因素之后，本章节以外置杆状天线作为 ZigBee 设备的天线装置，并且在 ZigBee 核心模块的电路原理图和 PCB 设计时预留了 SMA 外置天线接口。

（2）ZigBee 硬件整体架构。

在本章节所搭建的 ZigBee 无线传感网络中，将 ZigBee 设备节点分为协调器节点和终端设备节点两种节点类型，其中终端设备节点又可细分为终端传感节点和终端控制节点，各个设备之间以协调器为核心建立星状网络连接。

协调器节点作为无线传感网络的总控制器，是整个网络的核心，主要完成建立 ZigBee 网络、网络拓扑和数据路由管理等组网建网工作，同时负责建立与终端设备节点之间的绑定关系，进而接收 ZigBee 网络中各个终端传感节点的信息，然后通过串口与网关进行通信，将采集的家居环境信息定时上报，同时监听串口收到的系统控制端命令，对命令进行解析处理后转发相应的终端设备控制节点执行。总而言之，协调器节点需要充足的存储资源和强大的运算能力，但对信息感知和终端设备驱动控制等功能没有特别需求，因此，本书仅在 ZigBee 设备最小核心模块的基础上，增加供电电路、JTAG 接口、按键等关键电路，就可以完成充分满足 ZigBee 协调器节点的需求。

终端设备节点作为无线传感网络的传感设备和执行器，通常处于网络的边缘，主要负责环境信息采集和终端设备驱动控制等具体的功能，在上电激活启动之后迅速加入网络并和协调器建立绑定关系，然后进行稳定的数据采集和传输，并且灵活迅速地执行控制命令。因此，在终端节点硬件设计时，不仅要保证其稳定的组网、入网、无线数据传输等网络通信能力，还需要准确的信息感知模块以及灵活的控制模块，因此，ZigBee 设备的硬件整体架构如图 7-25 所示，其中，ZigBee 终端设备节点是基于协调器节点稳定的通信功能之上，增加了相应的感知和控制电路组成。

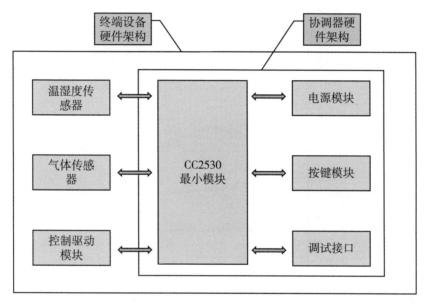

图 7-25 ZigBee 设备的硬件整体架构

（3）协调器节点硬件设计。

通过对 ZigBee 硬件设备整体架构的分析，本书首先进行协调器节点的硬件设计，以 ZigBee 设备最小核心模块为基础，既提供了充足的存储资源和强大的运算能力，同时也保证了协调器节点的无线组网通信能力，然后依次增加供电电路、JTAG 接口电路、按键电路等，最终完成 ZigBee 协调器节点的整体硬件设计。

协调器节点提供 USB 供电和电池供电两种供电方式，以保证无线网络的正常工作，两种供电模式的切换可以通过简易开关实现。此外，在协调器节点的各个功能模块之中，工作电压分为 5 伏特和 3.3 伏特两种，因此需要通过电压转换电路来切换选择电压，其中的核心是正向低压降稳压器 ASN117-3.3，已完成电压由 5 伏特向 3.3 伏特的转换，综上所述，核心供电电路原理图如图 7-26 所示。

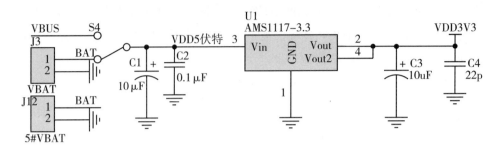

图 7 - 26　核心供电电路

协调器节点还提供 JTAG 接口以方便程序调试,原理图如图 7 - 27 所示,JTAG 接口电路通过 ZigBee 仿真器连接到 PC,实现对节点程序的下载和调试。JTAG 接口电路可以实现 ISP(在线系统编程),可以直接对单片机内部的 Flash 存储器进行编程,不用将芯片单独取出,大大提升了开发进度。

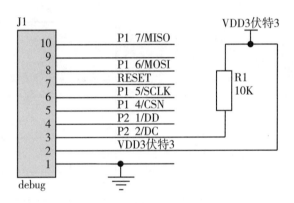

图 7 - 27　JTAG 接口电路

此外,在协调器节点上增加了按键模块电路,旨在提升控制系统的容错和可扩展性,结合软件层次上的应用程序开发,各个按键分别可以实现主动复位重启网络、开启协调器节点允许绑定模式及 ZigBee 网络拓扑管理等扩展功能,完善无线传感网络的功能需求。

三、新风除湿系统控制端交互设计

新风除湿系统在控制端应提供给用户完善的人机交互模块以及远程智能控制系统,兼顾家居中央控制面板和手机 App 远程控制两种控制方式,并且实现控制端的远程通信同步。本章节中采用广州大彩物联型串口触摸屏作为新风除湿系统的家居中央控制显示面板,通过串口和 ZigBee 无线传感网络中的协调器进行通信，从而获取家居环境数据信息并直观地展示在显示屏上，同时通过面板触控向协调器发送控制命令，使新风除湿系统的监测与控制更加直观、方便和快捷。此外，物联型串口屏可以通过内置 Wi-Fi 模块连接阿里云平台，作为家庭网关和云平台建立远程通信，然后可依托阿里云生活物联网平台进行手机 App 开发，实现对新风除湿系统的远程控制以及控制端的远程通信同步。

（一）新风除湿系统家居中控显示面板设计

1. 中控显示屏选型

新风除湿系统的家居中央控制显示面板是用户和系统之间最直观的交互界面，用户可以直接通过中控显示屏对新风除湿系统进行控制，实时监测室内温湿度和空气质量信息，并且作为家庭网关，中控显示屏可以和云端建立连接，将数据上传至云平台。

本章节中采用的是型号为 DC80480W050_2VW1_0T 的 5.0 英寸大彩物联型串口触摸屏，是集 TFT 显示驱动、GUI 操作、RTC、Wi-Fi、音视频、图片字库存储及各种组态控件于一体的串口显示终端。

串口屏内部采用主频为 800 兆赫兹的 32 位双核高速处理器，并优化了图片显示效果，其内部结构如图 7 - 28 所示，集成了音视频解码、图像解码以及 2D 加速引擎等功能，使得屏幕显示流畅，音视频展示效果好，系统运行速度快，内

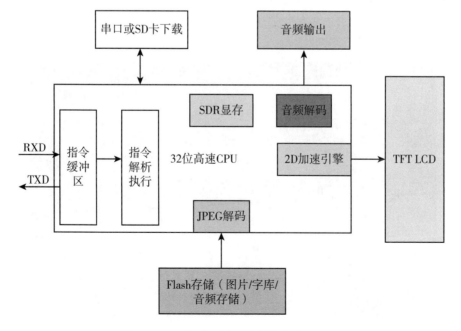

图 7 - 28　物联型串口触摸屏内部结构

部存储空间大，可以创建音视频、字符和图片库，同时可通过串口或者存储卡进行工程项目烧录。此外，串口屏搭载了内部嵌入式实时操作系统，任务调度处理能力强，进一步提升了其工作能力和可靠性，可以充分满足新风除湿系统家居控制端的功能需求。

串口屏在指令接收和发送过程中，首先通过内部指令缓冲区进行输入输出准备，然后将屏下输入输出引脚和无线传感网络协调器采集节点相连接进行串口通信，同时，串口屏还支持 RS232 和 TTL 电平转换，扩展了应用范围。此外，大彩物联型串口触摸屏在出厂前均进行了大量的可靠性测试，在高低温极端工作环境测试、ESD 测试以及触摸屏使用寿命和灵活度测试中表现良好，充分保障了其产品质量和工作寿命。

2. 中控显示屏界面设计

在家居中央控制显示屏的开发过程中，首先应完成中控显示屏幕的界面 UI 设计，以新风除湿系统控制端的功能实现为导向，进行功能导航图标和背景设计，同时对主界面和各个功能界面进行合理的布局，以提高新风除湿系统控制端的交互性。

新风除湿系统主界面是整个控制系统的导航界面，可通过各个功能导航图标切换控制系统的界面，从而实现环境监测、系统控制以及网络管理等不同功能，因此，在进行主界面 UI 设计时，首先完成各个功能导航图标和系统 logo 的设计，然后进行背景设计和界面布局管理从而提高界面的美观性和交互性。系统主界面最终如图 7 - 29 所示。

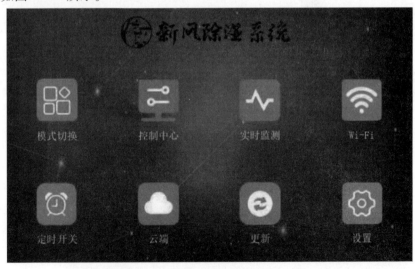

图 7 - 29　新风除湿系统主界面

作为新风除湿系统的家居中央控制面板，中控屏可在实时监测界面展示室内温湿度、空气质量等信息，也可通过控制中心对新风除湿系统进行开关控制、风速调节和辅助功能管理，并且可以自由切换新风除湿系统工作模式。此外，作为家庭网关，中控显示屏还可以连接室内 Wi-Fi，建立和阿里云平台的远程通信，基于以上功能需求可对新风除湿系统的中控显示屏进行相应的界面设计，如图 7-30 和图 7-31 所示。

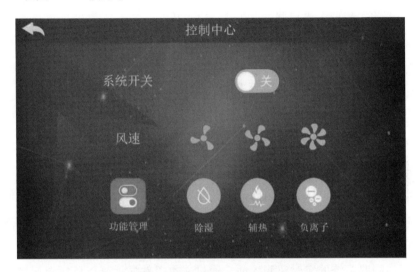

图 7-30　新风除湿系统控制中心界面

图 7-31　新风除湿系统实时监测界面

根据新风除湿系统的功能需求完成中控显示屏各个界面的 UI 设计，接下来进行控制面板的功能开发，将相应的 UI 图片导入素材库，在 Visual TFT 软件中进行系统的逻辑功能开发，然后利用按钮、菜单栏、二维码等系统控件完成系统的功能需求，同时辅以 LUA 脚本语言进行复杂逻辑功能开发和物联网应用。

3. 中控显示屏功能开发

本章节采用 Visual TFT 工程软件对串口屏进行功能开发，它是广州大彩自主研发的一款串口屏开发调试软件，内嵌了国内独家首款"虚拟串口屏"模拟仿真器，可以实现在线实时仿真调试，以确保串口屏可以正常工作，调试通过之后通过下载器将工程导入串口屏。

Visual TFT 作为串口屏专门的集成开发工具，提供了丰富的组件工具供开发者使用，包括线段、矩形、圆形等基本图形控件和按钮、菜单、二维码等功能组态控件，同时提供了 LUA 脚本编辑器以完成复杂的逻辑运算和网络配置。软件还提供了工程的编译和下载功能，并且可以运行虚拟串口屏，模拟实际屏幕逻辑，进行在线调试。

按钮控件是串口触摸屏最常用的组态控件之一，常用来实现系统开关、发送指令及切换界面等功能。在新风除湿系统中控显示屏的功能开发中，可以使用按钮控件的开关功能实现系统的开关，可使用按钮的切换画面这一用途实现界面之间简单的交互，并且可以通过发送自定义指令实现系统控制端功能。

在新风除湿系统的实时监测界面，通过文本控件显示家居环境温湿度和空气质量信息。文本控件不仅可以获取并展示无线传感网络中协调器上传的数据，也可以通过调用系统键盘对文本控件进行编辑操作。因此，文本控件也可用于实现系统的定时和网络自配置功能。

此外，Visual TFT 中提供二维码、菜单栏、数据记录等常用组态控件以进行系统的控制面板开发，其中，二维码控件常用于和手机 App 端建立绑定关系，建立和云端的连接。新风除湿系统控制端的基本功能需求大都可以通过丰富的组态控件来实现，但是仅依靠系统控件是无法完成复杂的逻辑功能及物联网应用的开发的，此时可以通过软件中集成的 LUA 脚本编程工具进行开发编程，通过编写应用程序完善中控显示面板的信息处理和物联网相关功能。

新风除湿系统中控显示屏的 Wi-Fi 配置和扫描界面 UI 如图 7 – 32 所示，通过灵活使用按钮、文本框等组态控件，合理配置组件功能，并且和界面 UI 设计相配合，可实现 Wi-Fi 网络的自定义连接，然后结合 LUA 脚本编程完成联网功能开发，通过脚本编程扫描附近无线网络热点，调用相关网络接口函数完成无线网络连接，同时将相关网络状态信息展示在串口屏上，Wi-Fi 扫描和连接的相关程序截图如图 7 – 33 所示。

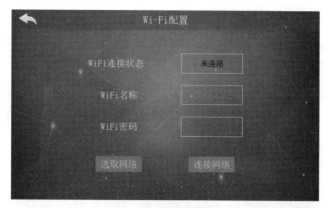

（a）Wi-Fi 配置界面

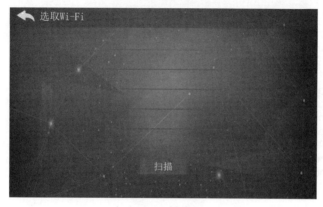

（b）Wi-Fi 扫描界面

图 7 - 32　Wi-Fi 配置和扫描界面

```
-- 扫描热点    第一次切入扫描画面时已经进行了一次扫描
if screen == 5 and control == 2 or
  screen == 6 and control == 11
then
   scan_ap_fill_list()           -- WIFI扫描函数
end

if screen == 5 and control == 3                          --连接设备
then
  ssid = get_text(5, 8)
  psw = get_text(5, 9)
  set_wifi_cfg(1, 0, ssid,psw)                   --连接WIFI
  save_network_cfg()                             --保存网络配置
  set_text(5, 4, '连接中 ...')
end

-- 选取热点
if screen == 6 and control >= 6 and control <= 10 and value == 1
then
  ssid = get_text(6, (control - 6))              -- 文本控件从1~10
  set_text(5, 8, ssid)
  change_screen(5)
end
```

图 7 - 33　Wi-Fi 扫描和连接的相关程序

串口屏在成功连接无线网络之后，可通过 LUA 脚本调用云端函数和云平台建立连接，并且进行数据上报，将室内环境实时监测数据和新风除湿系统运行状态集成到云端数据上传表中，并转换成 Json 格式的包上传至云端。同时，编写 LUA 脚本对于云端和 App 下行的数据命令包进行解析和处理，部分程序截图如图 7－34 所示，通过脚本编程处理上下行信息，最终实现远程通信同步。

```lua
-- 更新到云APP端
function UpdateToApp()

    UpdataParamToApp()        -- 实时监测数据上传
    UpdataSetToApp()          -- 新风除湿系统控制中心状态上传
end


-- 实时监测数据上传
function UpdataParamToApp()
    local property = {}                          -- 局部变量

    property[NodeName[2]] = get_value(2, 1)
    property[NodeName[3]] = get_value(2, 2)
    property[NodeName[4]] = get_value(2, 3)
    property[NodeName[5]] = get_value(2, 4)

    local jsonStr = cjson.encode(property)       --转换成Json格式的包
    cloud_post_property(jsonStr)                 --上传云端
end
```

图 7－34　数据上传云端

（二）基于物联网云平台的远程手机 App 控制实现

在完成新风除湿系统的中央控制显示面板界面 UI 设计和相关功能开发之后，串口显示屏就可以通过屏上 Wi-Fi 模块连接阿里云平台，和云平台建立远程通信，同时可基于阿里云物联网平台进行移动端 App 开发，最终实现对新风除湿系统的远程监测和控制。在本书中，新风除湿系统以阿里云平台作为数据中转站实现远程通信同步，信息上行时，串口显示屏先将采集到的数据上传到云端服务器，云端服务器再将数据同步到手机 App 中，数据命令下行时，手机 App 将操作命令先发送到云端服务器上，再通过云平台服务器将数据传输至串口显示屏中，并进行相应的处理。

1. 阿里云生活物联网平台

阿里云生活物联网平台是一款面向智能生活领域的智能设备开发管理平台，针对智能家电的设备连接、移动端控制、设备管理、数据统计、嵌入式开发调试等问题，提供了完善的配置开发方案。此外，生活物联网平台提供设备接入能力、移动控制端的 SDK 和易上手开发的云智能 App 框架，一方面可以采用平台自身提供的产品方案进行物联网开发，另一方面，同时也支持将自主设计开发的产品接入云平台，从而更加方便快捷地进行设备的调试和管理，加快移动端 App 的开发进程，快速实现家居设备的智能化远程控制，大幅减少实现设备端、云端和 App 控制端互联互通的开发成本。

本章节将基于阿里云生活物联网平台进行移动端 App 开发，并通过生活物联网平台进行数据中转传递以实现手机 App 和家居中控串口显示屏之间的远程通信同步，数据交互示意图如图 7 – 35 所示。

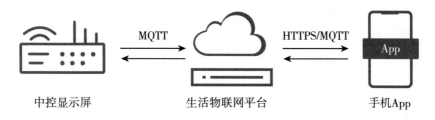

MQTT　　HTTPS/MQTT

App

中控显示屏　　　　生活物联网平台　　　　手机App

图 7 – 35　远程通信数据交互

在阿里云生活物联网平台进行移动端 App 开发时，首先创建项目并进行简单的配置，以便于对项目下产品进行管理和多方协同工作。然后，进入创建完成的自有项目中，在主页创建添加新产品，对其产品名称、所属分类、节点类型、网关协议、数据格式等参数进行合理配置以完成产品的创建，并对产品的各项功能属性和相关服务进行功能定义，从而将产品抽象成由属性、服务以及事件所组成的数据物模型，以进行云端开发和数据交互管理。接着进入人机交互页面配置移动端 App，完成界面 UI 设计和功能开发，最后对设备进行调试投产，完成设备端、云端、App 控制端的上下行远程数据通信。

2. 新风除湿系统的手机 App 控制端设计

本章节中新风除湿系统在控制端兼顾家居中控显示屏面板触控和手机 App 远程控制，前文中已经完成了家居中控显示屏的开发设计，实现了对家居环境信息的实时监测以及对新风除湿系统的面板控制，并且可以连接无线网络热点，和阿里云平台建立远程通信。在进行新风除湿系统手机 App 控制端的开发设计时，使用阿里云提供的生活物联网平台完成 App 的界面设计和功能开发，同时和家居中控屏建立关联，实现控制端的远程通信同步。

首先在阿里云生活物联网平台创建新风除湿系统项目和产品，并对系统的各项属性进行必要的功能定义，可根据系统的功能需求添加标准或者自定义功能，本章节中主要针对实时监测的家居环境温湿度信息和空气质量信息以及新风除湿系统的运行状态和工作模式等设备信息进行功能定义，配置对应的名称、标识符和数据类型，并选择合适的取值范围。

家居环境温湿度信息和空气质量信息的功能定义相似，采用单精度浮点型数据类型格式，标识符和前文中串口屏 LUA 脚本定义的云端数据上传表中的变量名对应，且读写类型设置为只读，各项监测属性的功能定义表如表 7 – 14 所示。

表 7 – 14　　　　　　　　　　**检测属性功能定义表**

名称	标识符	数据类型	取值范围	单位
温度	Temperature	float	– 20 ~ 50	℃
湿度	Humidity	float	0 ~ 100	% / RH
TVOC 浓度	TVOC	float	0 ~ 1	mg/m^3
CO_2 浓度	CO_2	float	300 ~ 5000	mg/m^3

新风除湿系统的电源开关和各个辅助功能开关均定义为布尔型变量，其中 0 表示关闭，1 表示开启，读写类型设置为可读可写。此外，系统的模式切换和风速调节功能采用枚举变量表示，不同的参数对应不同的运行状态。

在添加新风除湿系统各属性的功能定义时，其属性的标识符必须和串口屏云端数据上传表中的各个变量一一对应，使数据在上下行时不产生冲突，确保绑定设备的顺利进行。此外，完成新风除湿系统的各项属性定义之后，可以查看系统在云端的物模型，即设备在云端的功能描述，并且可以将完整的物模型导出，和串口屏 LUA 脚本中的云端数据表进行对照，同时，云平台也提供了精简的物模型用以设备端 SDK 开发。

在完成新风除湿系统的各属性功能定义之后，可进入人机交互设计界面配置开发移动端 App，通过导航栏依次进行产品图标和名称设置、分享绑定方式确定、设备面板 UI 设计、语言管理以及自动化定时设置等，最后添加绑定设备进行实时调试。

首先，在产品展示功能栏，可以更换产品图标，确定产品的名称型号，获得更好的 App 展示效果。其次，通过对分享方式的调整，可以更好地进行设备管理，并提升安全性。在设备面板可以进行 App 的面板设计，通过云平台提供的界面开发工作台进行 UI 设计和功能开发，是整个 App 设计开发过程的重点。最后，依次完成系统的语言管理和云端定时设置，进入设备调试工作。

在导航栏的设备面板进行新风除湿系统手机端 App 面板设计时，首先通过创建初始面板进入界面设计工作台，对前文中定义的功能属性进行合理的配置和展示，完善新风除湿系统各个功能模块，同时和家居中控显示屏的界面 UI 建立关联，妥善布局，提高整体的界面美观性。在进行界面 UI 设计时，通过导航功能将 App 的主界面和各个分界面绑定在一起，建立逻辑连接，并且将功能相似的属性集成在同一个分界面内，在系统的实时监测界面，把室内环境温湿度、空气质量等信息汇总，通过合理的布局直观地展示给用户，同时把功能开关、风速调控、切换模式等设备功能属性统一集成在控制中心界面，以提高系统的人机交互性和操作便捷性。

在完成 App 界面设计和功能配置之后即可进行设备调试和产品发布，添加串口屏设备和 App 建立关联，选择对应的 Wi-Fi 芯片模组，获取阿里云平台生成的设备激活码（三元组），并通过 LUA 脚本配置将其烧录至屏幕。当屏幕激活时，会上报到云端进行鉴权认证。串口屏在连接 Wi-Fi 之后，切换至中控显示屏云端界面扫描二维码可将手机 App 和串口屏之间建立绑定关系，此时，手机 App 可通过云端服务器向串口屏下发数据命令，同时屏幕的控制状态和参数也会上传至阿里云服务器，并更新到手机 App，实现了家居控制端和手机 App 端的远程信息同步。

第三节　基于物联网的智能家居监测控制系统设计与开发

随着科技的进步和生活水平的提高，人们对家居生活智能化程度的需求与日俱增，他们期待能轻松掌控家庭设备信息和体验更加人性化的服务。

在近几年的物联网智能家居技术发展过程中，环境监测、自动控制技术日臻成熟，各种智能家居产品层出不穷。家居监测控制技术的进步虽然在一定程度上提升了用户操作的灵活性和便捷性，但大多数还处于简单的环境数据信息采集和机械式的设备控制阶段，对用户的行为习惯的了解和研究还不够深入，很少有针对用户行为进行分析并为其定制个性化服务的智能家居系统的研究设计，其智能化程度还有待提高。

综合上述情况，物联网智能家居系统要实现真正意义上的智能，需要通过对用户行为进行分析研究，了解用户的行为习惯规律，达到理解用户、优化服务的目的。

本系统设计将 ESPduino、树莓派开发板、物联网和数据分析相关技术相结合，采用灵活简单的 B/S 架构，建立一个基于用户行为分析的物联网智能家居监测控制系统，旨在为用户打造一个智能舒适、方便快捷的家居生活环境，通过分析用户数据掌握用户的行为习惯，提供更加智能和个性化的服务。

一、系统设计

(一) 系统总体设计

本系统选用 ESPduino 作为 Web 服务器，与其他控制类传感器构成家庭设备的控制终端；选用 Raspberry Pi 和其他感知类传感器作为家居环境数据的监测端；采用轻量级的即时通信协议 MQTT，提供可靠的行为数据信息上报和信息共享服务；通过建立用户行为分析算法模型对用户行为进行分析，掌握用户的行为习惯规律。系统总体结构设计如图 7 - 36 所示。

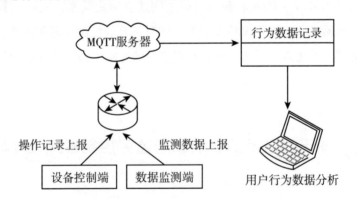

图 7 - 36 系统总体结构设计

设备控制端的主要功能模块可以划分为远程控制和用户操作记录采集上报两大类。远程控制是通过访问相应的网页，利用网页上的控件对相应的家庭设备进行操控。用户操作记录采集上报主要是当用户点击网页对家庭设备实施操纵时就会产生一条行为数据记录，利用 MQTT 协议将该条记录上传至 MQTT 服务器。通过设备控制端采集到的用户行为信息大都是用户的显性行为数据，其上报流程如图 7 - 37 所示。

环境监测端主要功能模块可以划分为两大类——环境监测和家居安防。环境监测是利用感知类传感器收集家居环境信息，当环境数据值偏离在无人为干预情况下的数据范围（即认为用户进行了某项活动或触发了某项事件），则按照一定的频率 f_0 进行数据上报，当环境数据恢复到正常范围时停止上报，继续等待下次

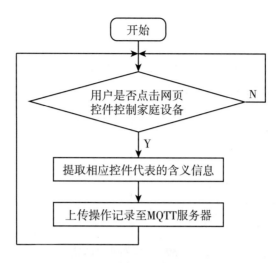

图 7 - 37 显性行为数据上报流程

用户行为触发。家居安防是利用 Raspberry Pi 连接一些安防监控类设备,通过软件或浏览器实时查看家居环境。通过环境监测端采集到的用户行为信息大都是隐性行为数据,其上报流程如图 7 - 38 所示。

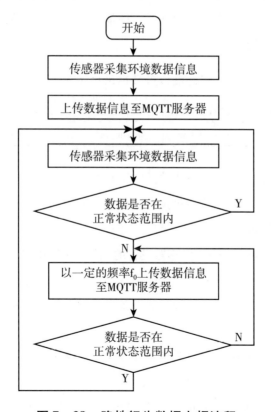

图 7 - 38 隐性行为数据上报流程

（二）系统硬件结构设计

系统硬件组成主要有 Raspberry Pi 和 ESPduino，通过与一些常用传感器配合使用，共同构成物联网的设备感知层，系统硬件结构如图 7 – 39 所示。

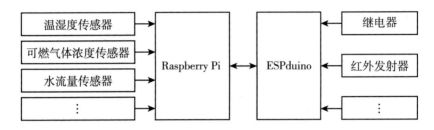

图 7 – 39　系统硬件结构

（三）传感器数据采集

由于传感器采集的数据与用户表达的行为动作所触发的事件之间在时间上具有一定的关联特征，因此可以通过对传感器数据的规整挖掘出用户的行为关于时间的表达特征。基于此，本系统设计了一种基于时间序列的传感器设备数据采集格式，如表 7 – 15 所示。

表 7 – 15　　　　　　　传感器设备数据采集格式

时间	设备编号	设备名称	设备数据	设备状态	设备类型
time	sensor_ID	sensor_name	sensor_data	sensor_state	sensor_category

关于传感器设备数据采集格式的具体说明如下。

（1）时间 time。传感器设备被用户动作触发的时间或用户动作进行的开始时间或用户动作结束的时间。

（2）设备编号 sensor_ID。传感器设备的编号（唯一标识一个传感器设备）。

（3）设备名称 sensor_name。传感器设备功能描述的概括。

（4）设备数据 sensor_data。传感器设备当前时刻采集到的数据，与设备类别配合使用。

（5）设备状态 sensor_state。传感器设备当前所处的状态（工作/待工/异常/开机/关机）。

（6）设备类别 sensor_category。传感器设备的分类（分析显性动作的传感器/分析隐性动作的传感器），根据设备的类别来判断传感器的数据是否可以使用。

（四）系统数据库设计

根据基于时间序列的传感器设备数据采集格式，制定用户行为数据信息表，如表 7 – 16 所示。

表 7 – 16　　　　　　　　　　用户行为数据信息表

字段名	类型	宽度	是否为空值	是否为主键
time	timestamp	16	否	否
sensor_ID	string	10	否	是
sensor_name	string	16	否	否
sensor_data	int	8	否	否
sensor_state	int	4	否	否
sensor_category	boolean	2	否	否

二、行为分析算法模型设计

本系统关于行为分析算法研究是以用户主观操作所触发的事件为研究对象，以传感器采集的环境数据和被用户操作指令触发所表达的一些系列状态为原始建模数据源；根据传感器数据与用户行为特征之间的关联性规则对用户事件进行筛选划分，识别出一次完整的用户行为事件，从而探索用户行为事件关于时间序列的分布特征；最后根据 LSTM（longshort-term memory）神经网络构建用户行为预测模型，利用测试数据集对模型进行测试，检验模型的性能。

用户行为分析的过程，可以划分为三个阶段：第一个阶段是用户行为事件的划分与识别；第二个阶段是用户行为分析模型的训练；第三个阶段是用户行为分析模型的测试优化。

（一）用户行为事件的划分与识别

传感器数据信息通过格式化处理，组成了原始数据集。根据原始数据集与用户行为之间存在的关联性规则，可以对原始数据集进行初步的处理，分析挖掘用户的行为特征，从而划分出一次完整的用户行为事件，最后以划分好的一次完整的用户行为事件为模型，提取出相应事件的行为特征，根据特征筛选识别出需要分析的目标事件数据集。用户行为事件的划分与识别的流程如图 7 – 40 所示。

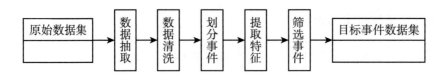

图 7 - 40   用户行为事件的划分与识别流程

一次完整的用户行为事件划分步骤如下:

(1) 根据传感器设备编号 ID 收集相关数据信息记录 Sn,根据传感器设备类别 sensor_category,判断用户行为性质。若是显性动作,则提取设备状态 sensor_state 特征,组成基于时间序列的有序特征数据集 $T_n \{ T_i(t_i, s_i) | 0 < i \leq n \}$ (t_i 表示第 i' 条数据记录中的时间,s_i 表示此刻设备的状态)。对于 T_n 中连续 2 条或 2 条以上 s_i 相同的数据记录只保留离 s_i 发生改变最远的那一条记录,其余的则删除;否则提取设备数据 sensor_data 特征,组成基于时间序列的有序特征数据集 $D_n \{ D_i(t_i, d_i, s_i) | 0 < i \leq n \}$ (d_i 表示第 i 条数据记录中的传感器设备采集到的数据)。

(2) 数据集 T_n。

① 首先计算每两条 s_i 不同的记录之间的时间间隔 dt_i ($dt_i = t_{2i} - t_{2i-1}, 0 < i \leq n/2$),即每个事件动作的持续时间;

② 将每个 dt_i 依次进行编号,得到显性行为事件组 $X_i (0 < i \leq n/2)$;

③ 将 X_i 与步骤①中参与计算的 t_{2i} 与 t_{2i-1} 进行一一对应,构建显性行为事件记录表,格式如表 7 - 17 所示。

表 7 - 17   显性行为事件记录表

事件编号	开始时间	结束时间	持续时间
X_i	t_{2i-1}	t_{2i}	dt_i

(3) 数据集 D_n。

根据传感器设备数据手册及环境参数,确定其在无用户动作干预或事件触发情况下的数据特征。设其数据的特征值为 λ,按照事件的先后顺序检索数据集 D_n 中的 d_i,找到第一个与 λ 接近或相等的数据记录 t_j,以 t_j 为划分第一个行为事件的起点,计算每两条不同的记录之间的时间间隔 dt ($dt = t_{i+j} - t_{i+j-1}, 0 < i < n$)。将 dt 与传感器设备数据上报频率 f_0 (由传感器程序指定) 依次进行比较,若 $dt \gg f_0$,则将 t_{i+j-1} 时刻作为第一个行为事件的终点,t_{i+j} 时刻作为第一个行为事件的终点,t_{i+j} 时刻划分第二个行为事件的起点,以此类推,最终得到隐性行为事件组 Y_i。分别将每个事件起点与终点之间的数据记录构建隐性行为事件记录表,格

式如表 7 - 18 所示。

表 7 - 18　　　　　　　　　　**第 k 个隐性行为事件记录表 Y_k**

时间	传感器数据
t_j	d_j
…	…
t_{j+i-1}	d_{j+i-1}

（4）针对具体研究的目标事件，在时间关系或传感器数据波动上构建有别于其他事件的行为特征 F。针对特征 F 设置阈值或筛选条件，对事件记录表进行筛选，得到目标事件有序数据集 Z_n。Z_n 简化后的数据格式如表 7 - 19 所示。

表 7 - 19　　　　　　　　　　**目标事件数据集的简化格式**

序号	目标事件发生时间
i	t_i

（二）用户行为分析模型的训练

LSTM 是一种时间循环神经网络，适用于处理和预测基于时间序列的事件。利用 LSTM 对时间序列的预测分析，可以构建用户行为预测模型，具体步骤如下：

（1）将数据集 Z_n 中的时间点数据 t_i 进行数值化处理，计算相邻两次目标事件发生的时间间隔 $\Delta t_i (\Delta t_i = t_{i+1} - t_i)$，得到原始数据序列 S'。

（2）选取适当的训练集窗口长度 1，采用 Δt_{i-1+1}，Δt_{i-1+2}，Δt_{i-1+3}，Δt_{i-1+4}，…，Δt_i 的时间间隔数据组成模型训练集，用 Δt_{i+1} 的数据进行验证，具体格式如表 7 - 20 所示。

表 7 - 20　　　　　　　　　　**训练数据集格式**

训练数据	验证数据
Δt_1，Δt_2，…，$\Delta t_1 \Delta t_{1+1}$	Δt_{1+1}
Δt_2，Δt_3，…，Δt_{1+1}	Δt_{1+2}
Δt_3，Δt_4，…，Δt_{1+2}	Δt_{1+3}
…	…

（3）将验证数据归一化，转化成 one-hot 标签，选取适当的 LSTM 参数，代入 LSTM 模型（见图 7 - 41）进行训练，得到用户行为预测模型。

（三）用户行为分析模型的测试优化

根据目标事件数据集的大小，将其划分为测试数据集和验证数据集，将测试数据集带入行为 LSTM 预测模型，根据预测结果和验证数据集的对比结果合理调整激活函数及相关参数，进行网络结构优化，如图 7 - 41、图 7 - 42 所示。

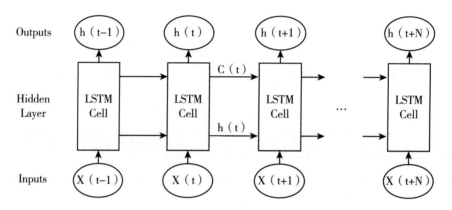

图 7 - 41　LSTM 模型训练原理

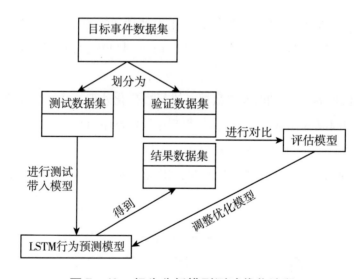

图 7 - 42　行为分析模型测试优化流程

三、系统测试

本系统通过模拟构建日常的家居生活场景，从用户角度出发，力求还原用户的真实需要，以简便实用为原则，设计过程按照软件工程学的方法进行，最终实现物联网智能家居监测控制系统的开发，通过对系统进行测试，了解和保证系统的质量，提升系统的可靠性。

课后练习

1. 分析一下循环养殖水箱环境监控系统总体方案及关键技术。
2. 重新设计一下新风除湿系统控制端交互设计。

参 考 文 献

［1］白萍. 云计算与物联网技术结合的数据挖掘分析 ［J］. 互联网周刊，
2023（3）：84 - 86.

［2］陈安子. 物联网技术支持下的智慧图书馆建设 ［J］. 电子技术与软件
工程，2023（1）：31 - 36.

［3］邓煌依，林雨雯. 基于物联网技术的智能教室应用 ［J］. 物联网技术，
2022，12（12）：107 - 109.

［4］范明杰. 物联网技术在林业信息化管理中的应用 ［J］. 热带农业工程，
2022，46（5）：121 - 123.

［5］冯学帅. 智慧城市中的大数据与物联网技术运用 ［J］. 集成电路应用，
2022，39（10）：291 - 293.

［6］高雁强. 物联网技术在智能楼宇化中的应用 ［J］. 网络安全和信息化，
2023（3）：24 - 27.

［7］龚婷. 基于物联网技术的危险品运输管理系统 ［J］. 电子技术，2023，
52（1）：248 - 249.

［8］谷春希. 物联网技术在实训室管理中的应用 ［J］. 电子技术，2022，51
（12）：96 - 97.

［9］郭艳辉，白艳. 物联网技术在智慧农业中的应用 ［J］. 河南农业，2023
（8）：62 - 64.

［10］郝运. 智能物联网技术及应用的发展新趋势 ［J］. 科技创新与应用，
2022，12（26）：153 - 156.

［11］黄丽丽. 物联网技术在智能家居中的应用分析 ［J］. 数字技术与应
用，2022，40（9）：39 - 41.

［12］简才源，李云波. 物联网技术在果树栽培管理上的应用探究 ［J］. 农
业工程技术，2022，42（36）：17 - 18.

［13］蒋平. 物联网技术在建筑智能化系统中的应用 ［J］. 智能建筑与智慧
城市，2022（11）：63 - 65.

［14］金曙光．基于物联网技术背景下的智慧农业应用研究［J］．种子科技，2022，40（20）：136－138．

［15］李国清．基于物联网技术的生态环境监测应用研究［J］．冶金管理，2022（19）：12－14．

［16］李婷，李亚丹．浅析物联网技术与装配式建筑的融合发展［J］．房地产世界，2022（17）：128－130．

［17］李耀业，王鹏，张银博，马莲霞，杨秋菊，门红生．物联网技术在项目管理领域研究综述［J］．建筑经济，2023，44（3）：72－78．

［18］林子新．物联网技术在智能建筑系统集成中的使用［J］．长江信息通信，2022，35（10）：109－111．

［19］刘基墙．基于物联网技术的智慧图书馆建设研究［J］．黑龙江档案，2022（6）：287－289．

［20］刘珈玮．物联网技术在计算机软件开发中的应用［J］．电子技术与软件工程，2022（21）：53－56．

［21］刘建宁．人工智能和物联网技术在交通中的应用分析［J］．长江信息通信，2022，35（11）：233－235．

［22］刘强锋．物联网技术在电力通信网中的应用探究［J］．石河子科技，2023（1）：28－30．

［23］陆卓英．试析物联网技术在通信运营中的应用［J］．中国新通信，2022，24（21）：62－64．

［24］吕桂林．基于"BIM＋GIS＋物联网技术"的高职院校校园智慧运维管理［J］．工业技术与职业教育，2022，20（5）：19－22．

［25］彭勃．物联网技术对水泥搅拌桩施工质量的智能监控［J］．浙江建筑，2022，39（4）：47－51．

［26］曲藩蕊．物联网技术在智慧医疗中的应用［J］．互联网周刊，2022（22）：45－47．

［27］人力资源和社会保障部职业技能鉴定中心编写．物联网应用技术［M］．东营：石油大学出版社，2014．

［28］苏建凯．浅谈物联网技术在教学信息化中的创新及应用［J］．新课程，2022（31）：164－165．

［29］唐剑．物联网技术在消防监督管理工作中的运用研究［J］．华东科技，2023（1）：96－98．

[30] 王海平, 吴艳君. 基于 BIM + 物联网技术的装配式建筑工程质量管理研究 [J]. 城市建设理论研究 (电子版), 2023 (8): 49 – 51.

[31] 王茂方. 物联网技术在烟草机械设备中的应用研究 [J]. 新型工业化, 2022, 12 (8): 59 – 63.

[32] 温涛. 物联网应用技术导论 [M]. 大连: 东软电子出版社, 2013.

[33] 吴俊强. 物联网应用开发实训教程 [M]. 南京: 东南大学出版社, 2020.

[34] 杨春雷, 成波. 现代物联网技术在水产养殖信息化建设工作中的应用 [J]. 机械制造与自动化, 2022, 51 (5): 130 – 132.

[35] 杨美玲. 基于物联网技术的安防设计研究 [J]. 网络安全和信息化, 2023 (1): 137 – 139.

[36] 杨伊浩, 熊文康. 物联网技术在智能建筑安防中的应用 [J]. 智能建筑与智慧城市, 2022 (11): 78 – 80.

[37] 杨永泉. 物联网技术在智能制造中的应用 [J]. 现代制造技术与装备, 2022, 58 (10): 121 – 123.

[38] 姚远. 物联网技术在消防监督管理中的应用探究 [J]. 消防界 (电子版), 2022, 8 (19): 77 – 79.

[39] 耶云. 大数据时代背景下物联网技术的应用研究 [J]. 产业创新研究, 2022 (22): 76 – 78.

[40] 于志龙. 探究基于物联网技术的应急装备保障体系 [J]. 中国军转民, 2022 (22): 56 – 58.

[41] 张宸华. 基于物联网技术的智慧医疗体系架构构建研究 [J]. 电子技术与软件工程, 2022 (22): 31 – 35.

[42] 张峰, 张红荣, 于万清. 物联网技术在职业院校智慧校园建设中的应用研究 [J]. 工业技术与职业教育, 2023, 21 (1): 9 – 13.

[43] 张莉萍. 以智能电网为导向的物联网技术及其应用 [J]. 光源与照明, 2023 (1): 93 – 95.

[44] 张连芝. 物联网技术在智慧农业节水灌溉中的应用 [J]. 智慧农业导刊, 2022, 2 (23): 10 – 12.

[45] 张伦. Android 物联网应用开发 [M]. 北京: 中国财富出版社, 2017.

[46] 张清淘. 基于物联网技术的智慧农业远程监控系统设计 [J]. 南方农机, 2023, 54 (2): 84 – 86.

［47］张晓轩.物联网技术在石油行业的应用分析及趋势研究［J］.信息系统工程，2022（12）：63-66.

［48］张叶杰，张婷，冯婉悦，殷星晨.基于物联网技术的气象物资在线管理应用［J］.电子元器件与信息技术，2022，6（12）：158-161，274.

［49］周骥.物联网技术在智慧城市建设中的实践分析［J］.未来城市设计与运营，2022（11）：51-53.

［50］周屋梁.基于物联网技术的电力资产全寿命周期管理系统研究［J］.电子技术与软件工程，2022（19）：196-199.

［51］周志湘.化工园区消防监督检查物联网技术的应用［J］.化工管理，2023（5）：66-68.

［52］周治宇，吴若童，王健，刘雪银，姜晨睿.面向工业自动化的物联网技术运用研究［J］.数字通信世界，2022（9）：142-144.

［53］朱奇.物联网技术在化工领域的应用［J］.化工生产与技术，2022，28（4）：10，38-40.

［54］朱文衡.物联网技术在电气工程领域的应用研究［J］.数字通信世界，2022（10）：127-129.